法國藍帶的基礎糕點課

基本中的最基本

LE CORDON BLEU

法國藍帶廚藝學院的學習範本

製作糕點的時候，應該怎樣做呢？

如果只是邊看書邊做，就算是記住了糕點的製作方法，還是無法真正擁有可以自由發揮運用的實力。欲使自己的糕點製作技巧更加地精進，祕訣不外乎是學習到正確的基礎知識，以及嘗試去了解糕點的組合與結構。

在巴黎創校逾100年，以法國料理糕點教學聞名的法國藍帶廚藝學院，它的教學方式，首先藉由基礎的法國糕點為題材，來學習何謂基本的麵糊（糰）和奶油餡，透過這樣的作法，進一步地了解如何組合各式糕點。

法國糕點有四種基本材料，就是蛋、砂糖、麵粉、奶油。而製作糕點的樂趣，就在於如何使用這四種材料，來創造出各式各樣不同的糕點。然而，以這些基本材料為主，各有不同的麵糊（糰）或奶油餡的基本製作方式，經由各種不同的組合，進而發展成各式各樣的糕點。

在本書中，我們把重點放在麵糊（糰）或奶油餡的製作上，並搭配各個步驟的示範照片來作說明，將法國藍帶廚藝學院所教授的糕點製作基礎，以簡單易懂的方式呈現給各位。

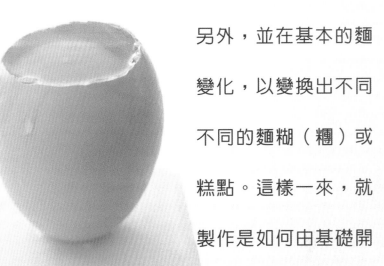

糊（糰）或奶油餡上稍作的新花樣，或組合各種奶油餡，作出各種不同的能夠更清楚地了解到糕點

另外，並在基本的麵變化，以變換出不同不同的麵糊（糰）或糕點。這樣一來，就製作是如何由基礎開

始發展的。只要您對基礎知識和各種搭配方式確實能夠融彙貫通，那麼，即使只是運用一點小技巧，也可以做出各式各樣不同的糕點來喔！欲知何謂法國糕點，本應透過點點滴滴地經驗累積，才能夠慢慢地感覺出來。而「法國藍帶廚藝學院的學習範本　法國糕點－基本中的基本」，則是將法國糕點的精髓以簡單易懂的解說方式彙整成書。這本書，既可說是法國糕點製作的入門篇，也可讓各位窺見糕點製作的全貌，是本值得多加利用的參考書，相信您也可從中得到更多製作糕點的樂趣。我們衷心地期盼這本書能夠讓您對法國糕點產生更深一層的興趣！

SOMMAIRE
目錄

在您開始製作糕點前，請先注意以下幾點：

● 本書中所使用的奶油皆為無鹽奶油，砂糖皆為白砂糖或糖粉。手粉，或用於塗抹模型、烤盤等器具的奶油、粉類、砂糖類的材料，皆為材料表的份量之外。

● 原則上，烤盤如能使用鐵弗龍加工處理過的製品最好，如果沒有，也可在使用前先用毛刷在表面塗抹一層薄薄的奶油，或以鋪上烤盤紙來代替。

● 紙類使用的是烤盤紙，或硫酸紙等。　● 工作台以大理石台最為理想。　● 書中所示的烘烤時間為約略的所需時間，請您依實際使用的烤箱狀況再略作調整。

法國料理中，醬汁是絕對不可少的。在法國糕點中，麵糰（糊）（PÂTE）、奶油餡（CRÈME）也同樣扮演著非常重要的角色。在此，我們將為您介紹法國糕點的構成基本要素奶油餡、慕斯、巧克力和蛋白霜。

這本書不僅能夠幫助　　　　　　　　　初學者，對於至今已實際

做過各種糕點，偶爾可能　　　　　　　會遺忘了一些技巧，或曾

經產生過某些疑問的人　　　　而言，相信也是個溫習

或吸收到新知識的最佳　　　　　　　　機會。希望您能夠多花點

時間，慢慢地琢磨學習。

那麼接下來，就讓我們邁向法國糕點的第一步吧！首先呢？當然是先把

最基本的技巧學好囉！再來呢？就讓我們翻到想做的糕點那一頁吧！

基本的基本

在基本的作法說明中，les ingrédients 為「材料」之意，question et réponse 則為「問與答」之意。
commentaires 意指「技巧的提示」，note為「注解」，histoire 是「針對歷史典故所做的說明」。

這是一種先將奶油和麵粉做成鬆散的砂狀，再加入水分（蛋或水）混合而成的砂狀（**sablage**）麵糰。完成後，吃起來鬆脆可口，主要是用來製

PÂTE SABLÉE

油酥麵糰

麵糰 ╳ 揉合麵糰

1

將冰涼的奶油放在大理石台上，低筋麵粉過篩灑在奶油上，再用**擀**麵棍敲打。

2

待奶油打薄後，重新沾滿低筋麵粉，折疊，用**擀**麵棍再打薄。

3

再次變成薄片狀後，折四折，用刮板切成條狀。

7

等變成奶黃色的砂狀後，先集中在一起，中間作成凹槽。

8

放入過篩後的糖粉，再加上鹽、香草糖、蛋黃，用指尖混合。

9

等8變成乳狀後，就用刮板將四周的粉集中到中央。

question et réponse

Q: 什麼是sablage？

R:這個詞是由**sable**（砂）變化而來的，即不要將油脂和麵粉過分揉合成糰，而是搓成砂狀。

Q: 做成砂狀的目的為何？

R:在麵粉的粒子上作出一層油膜，以防止後來加進去的水分滲透進去。如果麵粉中的蛋白質吸收了水分，就會形成被稱作「麩素」的彈性物質，使烤好後的麵糰質地變硬。

Q: 為何要使用冰涼的奶油？

R:奶油如果不夠冰冷，當搓成砂狀（**sablage**）時，就容易結成糰，因為附著在粉上的油膜反而會使麵粉更易聚集成糰。

作蛋糕，有時也可作為製作塔時的夾層。很適合用來搭配水果或口味清淡的餡料等喔！

les ingrédients 低筋麵粉　200g
奶油　100g
糖粉　100g
蛋黃　2個
鹽　1g
香草糖　1撮

再切成細塊狀。

利用刮板將低筋麵粉和塊狀奶油，邊切邊混合。

用兩手邊揉搓邊混合，使它變成散砂狀。

先用刮板邊切邊混合。

再折疊般地混合。

不斷重複10和11的步驟，直到完全混合均勻，就作成油酥麵糰，用保鮮膜包裹，放進冰箱冷藏1~2小時。

histoire
SABLEE一詞的來源，據說是因為最初是在諾曼第地方的Sable-sur-Sarthe開始製作而得來的。如今，製作地區遍及法國各地，種類也很繁多。荷式雙色餅乾（hollandais）、南特風味餅乾（nantais）等也都是用這種麵糰作成的。

page 60

這是一種將奶油、糖粉、蛋黃混合成乳狀（crémer），而做成的麵糰。比油酥麵糰（PÀTE SABLÉE）易碎，吃起來質地更酥鬆。經常用來當作塔

PÂTE SUCRÉE
甜酥麵糰

將網篩將低筋麵粉篩到大理石台上，再用刮板在中央做成一個凹槽。

用擀麵棍將奶油敲軟後，放進凹槽內，再由上將糖粉過篩上去。

加入鹽、香草糖。

加入蛋黃和水。

和6混合。

用刮板將四周的低筋麵粉集中到中央。

question et réponse

Q: 什麼是「crémer」？

R:將砂糖加入軟化的油脂（奶油）內，混合成膏狀的一種手法。

Q: 做成膏狀的（crémer）目的為何？

R:首先，混合油脂和砂糖，加入水分（蛋或水），讓它膏狀化。Crémer的目的，就是讓這乳化種油脂糊在麵粉的粒子上形成厚厚的保護膜，使粒子呈分散的狀態，就可以迅速地混合麵糰，不至於會揉和過度。

Q: 擀開麵糰的時候，為何會在周圍出現裂紋？

R:麵糰冷藏的時間不夠久，或剛好相反，冷藏得太久了，變得太硬，都是造成不易伸展，易裂的原因。做好的麵糰，要先放入冰箱內慢慢地冷藏1~2小時，並在擀開前，先用擀麵棍輕敲，讓麵糰稍微變軟後，再擀開來。

底，再配合杏仁奶油餡（crème d'amandes）來烘烤。

les ingrédients
低筋麵粉	150g
奶油	75g
糖粉	75g
蛋黃	1個
水	1大匙
鹽	1撮
香草糖	1撮

先用指尖將凹槽中的奶油抓軟。

將奶油、糖粉、鹽、香草糖混合均勻。

混合到變成像照片中般的乳狀。

用兩手揉搓混合。

等到低筋麵粉和油脂混合起來，變得鬆散結塊後，就用手掌來壓扁結塊，揉搓混合。

不斷重複11的步驟，等混合到完全沒有結塊的狀態後，就作成甜酥麵糰，用保鮮膜包裹，放進冰箱冷藏1~2小時。

page 62

page 76

page 78

這是一種先將油脂和砂糖、蛋混合成乳狀（émulsion）後，再加入粉類和泡打粉來做成的乳狀麵糊。製作的訣竅，就在於將麵糊確實地打發成

PÂTE BATTUE-POUSSÉE
膨脹麵糊

麵糊 × 乳狀麵糊

糖粉過篩。另外，低筋麵粉也和泡打粉一起過篩備用。

奶油用攪拌器攪拌成柔軟的膏狀。

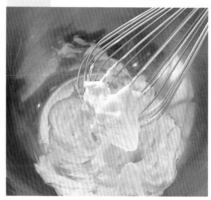

將1/2量1的糖粉加入奶油中，混合均勻。

先將蛋在另外的攪拌盆內攪開後，逐次加入6內，邊加邊混合。

混合到變得滑順為止。

換掉攪拌器，改用橡皮刮刀，加入牛奶混合。

question et réponse

Q:「émulsion」是什麼？

R:原意為將不易混合在一起的油脂類（奶油）和水分（蛋）慢慢而一點點地攪拌混合，使它變成乳狀。

Q: 若是在乳化的過程中油水分離了，該怎麼辦？

R:在油水已分離的狀態下若是繼續攪拌，就會使情況更惡化，此時，應該用湯匙舀約一匙預備份量中的麵粉，加進去混合。這是由於粉類具有能將油脂和水分融合在一起的特性，因此可以用來防止油水分離狀態的產生。

乳狀。若是這個步驟沒有做好，烤好後，油脂就會分離出來，口感便過於油膩。大理石蛋糕等就是用這樣的麵糊做出來的。

les ingrédients　低筋麵粉　　100g
奶油　　100g
糖粉　　100g
蛋　　2個
牛奶　　20ml
泡打粉　　5g
鹽　　1撮
香草糖　　1撮

剩餘的糖粉再分成2次加入混合。

混合到像照片中般滑順的狀態為止。

加入鹽、香草糖。

將1篩過備用的低筋麵粉和泡打粉一次加進去。

用橡皮刮刀像在切東西般地輕輕地混合。

等混合到沒有結塊而滑順的狀態，就完成了。然後，就可以依照用途，倒入所需的容器中烘烤。

page 72

13

這是種先將水和奶油加熱，再混合麵粉，最後加入蛋的麵糊。烤的時候，它所含的水分因沸騰而蒸發，藉由水蒸氣，讓它整個膨脹起來。因

PÂTE À CHOUX
泡芙

將切塊的奶油裝進鍋內。低筋麵粉過篩備用。

將水、鹽、細砂糖放進鍋內，加熱到沸騰。

等奶油融化沸騰後，從爐火移開，將已過篩的低筋麵粉一次加進去，迅速攪拌。

等麵糊像照片中般地變成一團，而且不會沾在鍋底時，就從爐火移開。

將蛋先在攪拌盆內攪開，然後將少許的蛋液倒入6裡混合。

等到蛋和麵糊混合均勻後，馬上再進行第2次的混合。

question et réponse

Q: 用水或用牛奶來做，烤好後會有什麼不同？　　R:若是用牛奶來做，烤好後的顏色會比較漂亮，表皮的味道也會比較香。

Q: 為何要先將奶油切塊再裝入鍋內？　　R:水的沸騰時間和奶油融化的時間差不多是同時間，為最理想的狀態。若在奶油還未完全融化時，水就沸騰了，水分開始逐漸蒸發，奶油和水分的含量比例就無法保持在最佳的狀態。

Q: 第1次加蛋混合均勻後，應在何時加第2次呢？　　R:最初將蛋加入麵糊中混合均勻後，就要馬上再加第2次。因為，如果一直不斷地加溫，麵糊裡的油脂成分（奶油），就會分離出來。

此，在膨脹的過程中，若是打開烤箱，就會整個扁掉，烘烤失敗。這種麵糰經常被應用來做宴會小點心(petits fours)等。

les ingrédients
奶油　　100g
水　　250ml
鹽　　3g
細砂糖　　6g
低筋麵粉　　150g
蛋　　4個

再用木杓拌炒。炒到變得像照片中的狀態時，再放回爐上加熱。

邊炒邊讓麵糊中的水分蒸發。

重複5~6次8的步驟。

在還沒將蛋全部和麵糊混合完之前，先檢查一下麵糊的狀態。若是像照片中般，麵糊的邊緣留有像被撕開般的痕跡，就表示麵糊太硬了，需再加些蛋混合。因為，麵糊如果太硬，烤的時候就容易裂開。

等混合到像照片般的狀態，麵糊流下的痕跡呈倒三角般漂亮的線條時，就OK了。然後，就依用途的不同，做出所需的形狀、大小來烘烤。

histoire
泡芙麵糊原本多半是被用來做料理，例如：加了乳酪的小乳酪泡芙，或混合了馬鈴薯泥再油炸的油炸馬鈴薯泡芙等。到了約18世紀的時候，變成不填充餡料，只吃皮的吃法，不像現在，有加了糕點奶油餡，和香醍奶油等餡料的吃法。據說這是19世紀以後才有的。

page 62

這是一種經常用來做蛋糕的麵糊，烤好後的蛋糕，吃起來鬆軟爽口，是它的一大特徵。混合蛋和砂糖後，因為是邊加溫邊打發，所以，做好

GÉNOISE
海綿蛋糕

將蛋和細砂糖放入攪拌盆內，用攪拌器混合。

平底鍋內放水，準備沸水備用。

將平底鍋從爐火移開，將1的攪拌盆放上去隔水加熱。

等打發到麵糊流下時，會變成像緞帶般重疊的狀態時，就OK了。

換掉攪拌器，改用橡皮刮刀。將已過篩的低筋麵粉分成3次，像下雪般地撒進攪拌盆內。

每灑一次進去，就用橡皮刮刀從攪拌盆的中央向碗壁稍加攪拌。

question et réponse

Q: 為何要先將砂糖加到蛋裡混合？

R:因為蛋裡的蛋白質不耐熱，如果加熱時只有蛋，就會立刻凝固。

Q: 為何要隔水加熱到人的體溫（38~40℃）？

R:因為在打發時，若是表面張力（將液體的表面積縮小之力）越弱，就越容易打發。而表面張力在溫度變高時，就會變弱，所以，要用隔水加熱來升高溫度。不過，若是溫度升得過高（60℃以上），蛋就會開始凝固，要特別注意喔！

Q: 如何判斷海綿蛋糕是否已烤好了？

R:判斷的標準有三個。1表面整個已烤成漂亮的黃褐色。2用指尖輕壓表面時，感覺得到像海綿般的彈性。3用竹籤刺看看中央部分，若抽起時沒有生麵糊沾黏在竹籤上，就表示已烤好了。

後的麵糊會帶有柔細的奶泡。基本上，大多會倒入圓形模或各式模型內來烘烤，有時也會用烤盤來烤，用來做蛋捲。

les ingrédients
蛋　　　3個
細砂糖　　90g
低筋麵粉　90g

4 維持隔水加熱的狀態來打發。

5 等到顏色變白，質地變得柔細後，用手指測試，若感覺溫溫的（38~40℃），就可以移開攪拌盆了。

6 繼續打發。

10 等混合到完全沒有粉塊時，就大功告成了。

histoire
海綿麵糊的原文名稱「GÉNOISE」源自於義大利的城鎮名「GÊNES」，據說就是這種麵糊的發祥地。當法國國王從義大利迎娶了王妃之後，也同時將義大利的各種食物文化帶進了法國。至今，已成了製作法國糕點不可或缺的一種麵糊了。

note
烘烤海綿蛋糕時的標準如下：若是將麵糊倒入芙濃模等模具內，則需用170~180℃烤約20~30分，若是攤在烤盤上，則需用200~220℃烤約8~10分。

page 88

BISCUIT À LA CUILLÈRE
分蛋法海綿蛋糕體

1

將蛋黃放入攪拌盆內攪開，加1/3量的細砂糖混合備用。

2

將蛋白放入另一個攪拌盆中，輕輕攪開，開始打發。

3

打到蛋白的前端會形成像鳥嘴般的形狀時，就加約1湯匙的細砂糖進去。

question et réponse

Q: 打發蛋白的訣竅為何？

R:首先，蛋白若是太冰了，就不好打發，所以，要使用已回復到室溫下的蛋白。
緊急的時候，可將蛋白放入容器中，隔水加熱幾秒，讓蛋白的溫度回復到室溫。
然後，關鍵就在於加入砂糖的量和加入的時機了。
如果在蛋白還沒打發完全時就加入大量的砂糖，砂糖就會吸收蛋白中的水分，就較難打發。
要先將蛋白打發到可以形成鳥嘴的狀態。相反地，砂糖若是加得太少了，
或加入的時機不對，就很難混合了，要特別注意喔！

Q: 為何做好的麵糊會鬆鬆垮垮的，
不容易擠出形狀來？

R:可能的原因有2個。第1，可能是蛋白不夠打發。
第2，加入麵粉時混合過度了，以致於蛋白的氣泡都被弄破了。
所以，在加入麵粉時，用橡皮刮刀混合到沒有粉末結塊時，就要趕快停手。

所以，可以擠成手指狀或圓盤狀來烘烤。它和慕斯很搭配，所以也是做為製作蛋糕時的基本麵糊之一。

les ingrédients 低筋麵粉　　100g
細砂糖　　100g
蛋黃　　4個
蛋白　　4個

然後，繼續打發，等到砂糖的顆粒完全溶解後，再將剩餘的砂糖分成3次，邊加進去，邊打發。

等打發到變得很柔細，有光澤的狀態，舉起攪拌器後，打發蛋白不會被撈起，還是完全留在攪拌盆上時，就OK了。

換掉攪拌器，改用橡皮刮刀，將1倒入5裡混合。

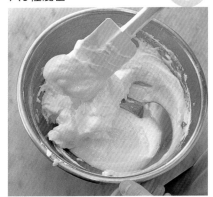

將1/2量已過篩的低筋麵粉像下雪般地撒入6裡，用橡皮刮刀混合。混合的時候要小心，不要弄破氣泡。

剩餘的低筋麵粉也和步驟7一樣，加入混合。

等混合到完全沒有粉末結塊時，就行了。

histoire
「cuillère」在法語中為湯匙之意。當初，在這種麵糊被發明時，還沒有「擠花袋」或「擠花嘴」這樣的東西。所以，據說都是用湯匙將麵糊舀到烤盤上來烤的。隨著時代的轉變，新的道具也陸續地被研發了出來，然而，即使將麵糊做出形狀的方式已經有所改變，它的名稱卻仍被保存了下來。

note
這種麵糊，幾乎都是被擠出形狀後，再用來烘烤。一般的標準是用烤箱以180℃，烤約10~12分。

page 66

這種麵糊，是先將砂糖一點點地加到蛋白裡，充分打發後，再加入糖粉和杏仁粉而成的。修雪（pâte à succès）或打卦滋（dacquoise）也是用這

PÂTE À PROGRÈS
普羅格雷麵糊

糖粉、杏仁粉、低筋麵粉一起過篩。

將蛋白裝入攪拌盆內，用攪拌器攪開，開始打發。

打發時要將空氣打進去，打到蛋白的前端會形成像鳥嘴般的形狀時為止。

第2次加入1／3量的細砂糖，繼續打發。

再加入最後剩餘的細砂糖，繼續打發。等打發到舉起攪拌器後，打發蛋白不會被撈起，還是完全留在容器上時，就OK了。

換掉攪拌器，改用橡皮刮刀，將1／3量的1加入8裡混合。

question et réponse

Q: 擠出後，量既不會變少，又有形的訣竅是什麼？

R: 和分蛋法海綿蛋糕體（biscuit à la cuillère）相同，在混合粉類的時候，必需注意不要弄破氣泡，一點點地將砂糖加入蛋白裡混合，讓它可以飽含空氣，製造出結實不易破的氣泡來。另外，因為也加入了油脂含量高的杏仁粉，所以，混合的時候，氣泡很容易會被弄破，要特別注意。

種麵糊做成的。烤好後，普羅格雷（progrès），或修雪（pâte à succès）會比較硬，打卦滋（dacquoise）則是表面吃起來很有嚼感，裡面卻很柔軟。

les ingrédients
蛋白	170g
細砂糖	60g
糖粉	60g
杏仁粉	90g
低筋麵粉	35g

加入約1湯匙的細砂糖，繼續打發。

等細砂糖的顆粒完全溶解後，就加入1/3量剩餘的細砂糖。

繼續打發到細砂糖的顆粒完全溶解為止。

剩餘的1分成2次加入混合。

像切東西般地混合。

等混合到完全沒有結塊而平滑的狀態時，就大功告成了。

page 84

這種麵糰是將奶油包裹在外層麵糰（détrempe）裡，然後反復重疊，做出層次。就因為它有層次，所以在烤好後，吃起來就會很鬆脆，感覺得

PÂTE FEUILLETÉE
折疊派皮

麵糰 ✖ 折疊麵糰

低筋麵粉和高筋麵粉一起過篩，灑在大理石台上，然後圍成圓圈，中央做成一個凹槽。

加入鹽和1/3量的水。

用指尖混合鹽和水，等到鹽溶解後，再開始一點點地逐漸和周圍的粉混合。

等中央部分又變成糊狀後，就用刮板將周圍剩餘的粉集中到中央。

像疊東西般地把它整理成糰（儘量不要揉和）。

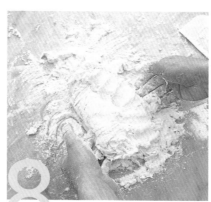

等到整理成糰到一個程度後（此時，如果成糰的狀況不佳，就將剩餘的水加進去），再用刮板像切東西般地加以混合。

question et réponse

Q: 製作外層麵糰（détrempe）時，為何要用刮板像切東西般地混合？

Q: 麵糰冷藏靜置前，為何要在中央劃上十字的切口，打開來？

Q: 進行麵糰（皮）的疊層步驟時，靜置麵糰（皮）的目的為何？

R: 如果用揉和的，就會產生過多的麩素（gluten），麵糰就會有太多的彈性，成為收縮不易伸展的原因。

R: 目的是為了減弱麩素的影響力，讓麵糰降低彈性。

R: 製作過程中所產生的麩素，彈性很大，就算是把麵糰 擀 開來，也會馬上縮回恢復原狀。將麵糰靜置後，麩素的彈性就會隨著時間變弱，便較容易伸展。

到它獨特的口感。千層派就是這種麵糰的代表作。其他像蘋果修頌（**chaussons aux pommes**）、國王餅（**galette de rois**）等也都是。

les ingrédients
低筋麵粉　　200g
高筋麵粉　　200g
水　　200ml
鹽　　8g
融化奶油　　40g
奶油（夾層用）　240g

4
等3變成糊狀後，就加入融化奶油。

5
等到奶油和麵糊混合好後，再將剩餘的水加進去（需留少許備用，以便最後用來調節麵糰的溼度）。

6
一點點地逐漸和周圍的粉混合。

10
重複2~3次的步驟，等混合到像照片中沒有結塊的狀態時，就OK了。

11
將麵糰做成球狀，外層麵糰（détrempe）就完成了。

12
用刀切深成十字開口，然後用保鮮膜包起來，靜置冰箱1~2小時。

Q: 為何烤好後的麵糰，從斷面看並沒有成層，而且還黏在一起？

R:當我們在切割麵糰，或是使用圓切模一類的工具時，如果麵糰不夠冷不夠硬，層次就會受到破壞，便看不到層次了。

Q: 麵糰無法好好膨脹的原因為何？

R:可能的原因有2個。第1，在進行疊層的步驟時，因為麵糰的溫度升高，讓奶油無法成層，而滲入外層麵糰（détrempe）裡，成了奶油混合麵糰。
第2，烘烤時的溫度太低了，以致於麵糰在達到沸騰的狀態前，就因油脂滲出而無法成層。所以在烘烤的時候，應用高溫烤到麵糰膨脹，變成黃褐色後，再將溫度稍微調降。

準備夾層用奶油。在大理石台和240g的奶油表面撒上手粉（未列入材料表），再用擀麵棍敲薄，整理成正方形。然後，用保鮮膜包起來，放入冰箱冷藏。

將12靜置過的外層麵糰放在撒了手粉的大理石台上，用手掌來壓十字切口所形成的四方，依各別的方向將它們壓攤開來。

再用擀麵棍將已朝四方攤開的麵糰擀開來，讓厚度均等。

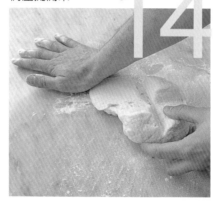

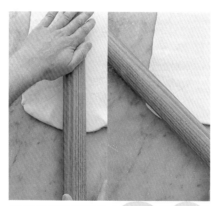

再用擀麵棍擀成15×45cm的大小。

用擀麵棍從麵皮的中央滾向邊緣，讓四端儘量延伸成四個直角。多餘的手粉用毛刷掃除。

用擀麵棍在麵皮上做記號，分成3等分，然後，將兩邊的麵皮往中央折疊起來。

16 正中央部分的厚度,也用**擀麵棍**輕輕地**擀**薄。保持著中間部分略厚的狀況。

17 將13的奶油放在麵糰的中央,四邊的麵皮往中央折疊,以包裹住奶油。

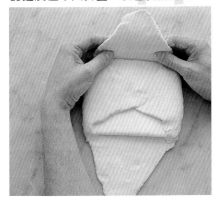

18 用**擀麵棍**輕敲,使麵皮和奶油的硬度變得相同。

22 將麵皮的方向**轉**個90度,用**擀麵棍**壓麵皮的上下,左右邊緣,中央部分壓上×字形。

23 再次**擀**成15×45㎝的大小,並將邊緣整理好對齊,再折成三折。然後,用保鮮膜包好,靜置冰箱冷藏約30分以上。

24 將靜置過的麵糰放在撒了手粉的大理石台上,重複19~23的步驟,再靜置冰箱冷藏約30分以上。然後,再重複一次19~23的步驟,用保鮮膜包好,再放入冰箱冷藏備用。

histoire

這種做起來很費事的麵糰,原本就是在製作失敗下,偶然間被發明出來的產物。據說是一位專司麵糰製作的師傅,因一時的疏忽,忘了在一開始時把奶油放進去,為了補救,終於想到了事後將奶油混合在麵糰裡烤的作法,沒想到一試之下,烤好後的麵糰竟形成了完美的千層薄片(feuille)。這種麵糰就此誕生了。

page 90

這種麵糰是先用加了活酵母菌的麵糰將奶油包住，以製作折疊派皮的方式，重複幾次相同的步驟，而完成的層狀發酵麵糰。除了可用來作夸

PÂTE À CROISSANTS
夸頌麵糰

麵糰 ✕ 發酵麵糰

1. 低筋麵粉和高筋麵粉一起過篩，撒在大理石台上，然後在中央做成一個凹槽，將弄散的活酵母菌、水、牛奶放進去。

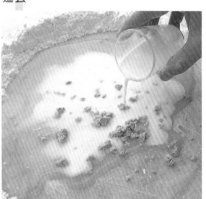

2. 等到水和牛奶將活酵母菌完全溶解後，再開始一點點地逐漸和周圍的粉混合。

3. 等變成糊狀後，就加入鹽、細砂糖混合。

7. 將麵糰整理成圓球狀，放進撒了手粉（未列入材料表）的容器中，用布蓋上，靜置在室溫下（25~30℃）。

8. 等麵糰約膨脹成2倍時，就取出，放在大理石台上。

9. 用手掌將麵糰壓攤開來，並讓裡面的氣體跑出來。

question et réponse

Q: 如何成功地將麵糰（皮）和奶油混合好？

R:將麵糰（皮）和奶油冷藏到相同的溫度，使它們的硬度變得相同。如果其中任何一種太硬或太軟，就會使層次不分明，麵糰（皮）的彈性就會變差。

Q: 製作時，是否在室溫下即可？

R:室溫如果和冷藏過的麵糰（皮）溫度不至於相差過大，就沒有問題。但是在夏季時，因為室溫會升高，還是預先做些準備，例如將冰塊放入方盤中，用來冷卻大理石台等會比較好。

Q: 為何烤好的麵糰（皮）無法形成層次，變得像麵包一樣？

R:那是因為在混合麵糰（皮）和奶油的階段時，麵糰（皮）的溫度升高，導致提前發酵之故。即使是靜置冰箱冷藏時，也有可能會因為冰箱內溫度太高而發酵，要特別留意喔！

頌，還可以用來將巧克力包起來，作成巧克力夸頌（**pain au chocolat**）。

les ingrédients 低筋麵粉　　200g
高筋麵粉　　200g
水　　120ml
牛奶　　90ml
活酵母菌　　13g
鹽　　8g
細砂糖　　20g
奶油（夾層用）　　200g

等到鹽、細砂糖混合好後，就用刮板將周圍所有的粉集中到中央。

用刮板像切東西般地加以混合。

用手掌像壓東西般地混合麵糰到完全沒有殘留粉末為止。

將周圍的麵皮像折疊東西般地集中到中央，再次放進容器中，用布蓋上靜置。

用擀麵棍將夾層用奶油敲薄，整理成正方形。

將10的麵糰取出，放在撒了手粉的大理石台上，用手輕壓，讓裡面的氣體跑出來後，整理成正方形。

用**擀**麵棍將麵糰朝向四邊 **擀** 開來，成三角形狀。正中央部分也用 **擀** 麵棍輕輕地 **擀** 薄。

將11的奶油放在麵皮的中央，再用三角形的部分包裹住奶油。

用 **擀** 麵棍輕敲，混合麵皮和奶油，並讓它攤開變寬。

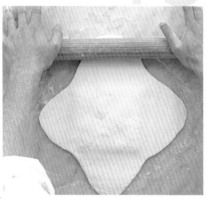
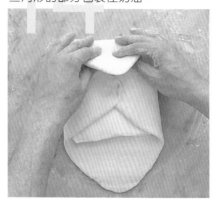
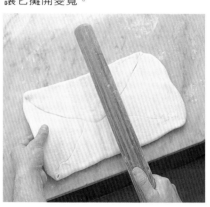

將**麵皮**的方向**轉**個90度，用 **擀** 麵棍壓麵皮的上下，左右邊緣，中央部分輕壓上×字形。

將手粉撒在大理石台和麵皮上，再次**擀**開成50~60㎝的長度。

用 **擀** 麵棍在麵皮上做記號，分成3等分，然後，先將其中一邊1/3大小的麵皮往中央折疊起來。

將麵皮的方向轉個90度，擀開成50~60㎝的長度。

用**擀**麵棍在麵皮上做記號，分成3等分，然後，先將其中一邊1/3大小的麵皮往中央折疊起來。

再將另一邊1/3大小的麵皮疊在17上，2個角對齊。

再將另一邊1/3大小的麵皮疊在17上，2個角對齊。

將麵皮的方向轉個90度，用**擀**麵棍壓麵皮的上下，左右邊緣，中央部分輕壓上×字形後，靜置冰箱冷藏30分。

重複20~23的步驟，就完成了。然後，用保鮮膜包好，靜置冰箱冷藏約30分以上。使用時，依照不同的用途，切成所需的形狀。

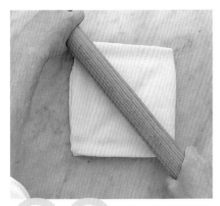

histoire

夸頌正式被定名為**croissant**是在西元1863年，但是發源地可以追溯到在西元1689年的維也那。也就是土耳其派兵攻打奧地利的那一年。話說當時，因半夜正在地下室揉麵做麵包的師傅，聽到了土耳其兵在挖掘地下道所發出的聲響，發現被入侵了，趕緊通知奧地利的軍隊，而適時阻止了土耳其兵，獲得全勝。為了慶祝，就模

仿敵國軍旗上所繪的新月，做了同樣形狀的麵包。夸頌就此誕生了。後來，經由瑪莉-安托瓦內特皇后（**Marie-Antoinette**，法皇路易十六的王妃，1755-1793）帶入法國宮廷內，不久，即成了庶民化的食物。至今，一提到夸頌，就會令人聯想到法國，這樣的印象可以說是已經根深地固了。

page 70

這是一種蛋和油脂含量豐富的發酵麵糰。例如以葡萄捲麵包(pain au raisin)、牛奶餐包(pain au lait)等為代表的維也納式麵包（les viennois-

PÂTE À BRIOCHES
皮力歐許麵糰

低筋麵粉和高筋麵粉一起過篩，灑在大理石台上，然後在中央做成一個大凹槽，將活酵母菌、水放進去，用指尖混合。

等活酵母菌溶化後，就加入蛋混合。

邊混合蛋和酵母菌，邊一點點地將周圍的粉加入混合。

等整個混合好後，就用手掌像要壓碎東西般地混合到沒有結塊的狀態為止。

整理成一整個麵糰（變成黏糊糊的狀態）後，就甩到大理石台上。

用手上抓住的部分將麵糰周圍包裹起來，做成圓球狀。

question et réponse

Q: 為何後來才加入鹽？

R:因為鹽會殺死酵母菌，為了讓鹽不要太早接觸到酵母菌，所以在酵母菌和其他材料混合到一個程度後才加入。

Q: 為何後來才加入奶油？

R:如果在一開始就加入奶油，麵糰裡就不容易產生麩素。若欲作出像麵包般彈性佳，黏度夠的麵糰，就要先將油脂以外的材料混合好，讓麩素產生充足後，再加入油脂。

eries）。而做成巴巴（baba）或薩巴汗（savarin）的麵糰雖然也是同一類，但是，油脂的含量較少。

les ingrédients
低筋麵粉	125g
高筋麵粉	125g
活酵母菌	10g
水	少許
蛋	3個
鹽	5g
細砂糖	25g
奶油	125g

等變成糊狀後，就加入鹽、細砂糖混合。

用刮板將周圍的粉集中到中央。

用刮板像切東西般地加以混合。

重複8、9的步驟。

直到麵糰不會沾大理石台後，而且表面看起來光滑平順為止。

將麵糰做成圓球狀，用手指壓看看。若壓下的痕跡可以慢慢地恢復原狀，變得很有彈性時，就OK了。

Q: 如果沒有發酵機，該怎麼辦？

R: 若是在夏季，只要在室溫下發酵就沒問題了。可以放置在廚房內較暖和的地方，或是在放有溫水的容器上放上烘焙網架，再將麵糰放在烤盤上，置於其上，用塑膠袋蓋好，讓它發酵。或者是將麵糰和盛裝了熱水的小碗一起放進較大的保麗龍箱子內，讓它在密閉的空間裡發酵也行。溫度在30℃左右最為理想。

將12的麵糰稍微攤開（用**擀麵棍敲**軟），放上奶油，捲起來。

將麵皮的方向轉個90度，用**擀麵棍擀**開成50~60cm的長度，再捲起來。

用刮板將14的麵糰切開來。

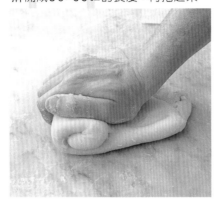

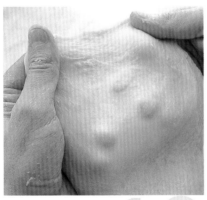
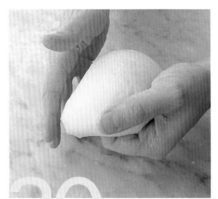

做測試。將麵糰拉開來，如果可以拉的很薄但又不破掉，就**OK**了。

將麵糰做成圓球狀。

將20的麵糰放進撒了手粉（未列入材料表）的攪拌盆中，用布蓋上，靜置在室溫（25~30℃）下，讓它發酵。

再次整理成一整個麵糰來揉和，混合奶油和麵糰。

等到奶油和麵糰混合到完全沒有奶油結塊（再次變成黏糊糊的狀態）後，就再重複和8、9相同的步驟。

雖然暫時會呈現黏糊糊地沾在大理石台上的狀態，但等到變得有彈性後，就會變得很光滑而且不沾了。

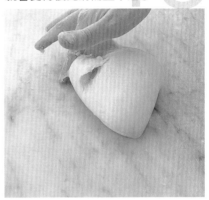

雖然發酵所需時間會依室溫而有所不同，等麵糰約膨脹成2倍時，就OK了。

取出麵糰，放在大理石台上，輕輕拉攤開來，像要折疊東西般地讓裡面的氣體跑出來。

再次將麵糰做成圓球狀。使用時，依照不同的用途，切成所需的大小形狀。

note

18世紀時，非常喜愛甜食的前波蘭國王史丹尼斯拉斯（Stanislas Lescynski，波蘭的最後一位國王暨法國洛林伯爵，1677-1766），覺得庫克洛夫(kouglof)太乾了，便異想天開的泡在含酒的糖漿裏，沒想到竟變搖身一變，成了既溼潤，又美味的甜點。當時國王就用他最喜愛的英雄人物「天方夜譚」中的主角阿里巴巴(Ali-Baba)的名字來為這種甜點命名。爾後才變成今天較庶民化的稱法(巴巴baba)。後來，由他的糕點師傅史透黑（Stohrer）引進巴黎並且改良之後，就成了現在的蘭姆酒巴巴（baba au rhum），這種甜點至今一直是店裡的招牌糕點。

page 80

page 94

這是一種混合了麵粉、砂糖、蛋、牛奶的的液態麵糊。加了活酵母菌或啤酒等的油炸用麵糊（pâte à frire）也是屬於這一種。製作法何(far)或是

PÂTE À CRÊPES
可麗餅麵糊

麵糊 × 其他

1
將低筋麵粉過篩到攪拌盆內，在中央做一個凹槽。

2
將蛋、鹽加入凹槽裡。

3
再加入細砂糖。

7
繼續混合到中央部分成為糊狀為止。

8
加入少許的牛奶，用步驟6的方式來混合，等到變成糊狀了，再加入些牛奶。

9
重複幾次8的步驟。

question et réponse

Q: 為何牛奶要分成幾次加入？

R:如果一次將大量的水分加到粉裡，沒有完全溶解的東西就很容易會結成塊。所以，一點點地加入混合是製作時的一大訣竅。

Q: 其他還有什麼樣的麵糊？

R:譬如油炸用麵糊（pâte à frire）。製作方法是先混合麵粉、砂糖、蛋、牛奶、酵母菌、鹽後，再加入溶化奶油，最後，加入打發過的蛋白混合，就完成了。

芙濃(flan)時，如果也比照同樣的方法混合，就可以成功地做出沒有結塊又滑順的麵糊了。

les ingrédients 低筋麵粉　　150g
牛奶　　250ml
蛋　　2個
鹽　　1撮
細砂糖　　50g
融化奶油　　50g

用攪拌器把蛋攪開，和鹽、細砂糖充分混合。

加入融化奶油。

攪拌器只在中央的部分攪動，讓液體的離心力來使液體一點點地和周圍的粉混合。

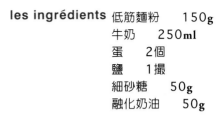

等到將粉全部混合後，就加入剩餘的牛奶。

將攪拌盆內的材料全部混合均勻。

用細網篩過濾後，蓋上保鮮膜，放進冰箱靜置冷藏1~2小時。

histoire
在法國，人們會在嘉年華會（carnaval）的最後一天（稱為Mardi gras）煎可麗餅來吃，並且在煎的時候，許下自己的願望。據說只要在拿著平底鍋的那一手裡握著銅板，而且可以騰空翻好可麗餅，那麼，願望就會實現喔！

page 68

page 92

這是一種將牛奶加入砂糖、蛋黃、麵粉裡混合，再加熱製成的糕點奶油餡。pâtissière 在法文中的意思是糕點的，這種奶油餡之所以會被這樣命

CRÈME PÂTISSIÈRE
糕點奶油餡

將牛奶放入鍋內，香草莢對半縱切開來，取出裡面的香草籽，將豆莢連同香草籽整個放進鍋內。

加入1/2量的細砂糖後，加熱到沸騰。

將蛋黃和剩餘的細砂糖放進攪拌盆內，用攪拌器混合到泛白為止。

用攪拌器充分攪拌均勻。

用網篩過濾，取出香草莢。

再次加熱，同時用攪拌器攪拌混合，讓它變得濃稠。

question et réponse

Q: 為何要在加熱牛奶的時候加入一部分的砂糖？

R: 只加熱牛奶，蛋白質就會凝固，形成白膜，黏在鍋底。如果加了砂糖，就可以緩和傳熱的速度，防止焦鍋。

Q: 為何蛋黃裡加了砂糖後，就要立刻混合才行？

R: 因為砂糖具有易吸收水分的特質，如果長時間放著不管，蛋黃裡的水分就會被砂糖吸收，使剩餘的部分結成塊。

Q: 為何要將蛋黃和砂糖混合到泛白為止？

R: 因為將熱牛奶倒進去時，蛋黃才不會瞬間變得過熱。混合到泛白可以讓蛋黃飽含空氣，讓傳熱的速度緩和下來。

名，就是因為它對法國糕點而言，就好像醬汁對法國料理是不可或缺的一樣，有著相當重要的地位。它的用途非常廣泛，經常用來搭配大型蛋糕（entremet）或泡芙、塔等等。

les ingrédients
牛奶	250ml
細砂糖	60g
蛋黃	3個
低筋麵粉	15g
玉米粉	10g
香草莢	1/2枝

低筋麵粉和玉米粉一起過篩，加入3裡混合。

等到2沸騰後，就從爐火移開，將約1/2量倒入4裡，充分混合均勻。

再將2剩餘的牛奶倒進去。

加熱到從鍋底傳出咕嘟咕嘟的沸騰聲為止。

如果煮到像漿糊般黏稠的狀態，就表示OK了。

將11倒入托盤中，用保鮮膜緊貼覆蓋，先置於室溫下散熱，再放入冰箱冷藏。

page 58

page 60

page 62

page 70

page 90

這是將糖粉、杏仁粉、蛋加入膏狀的奶油裡而作成的乳狀杏仁奶油餡。常用來做塔的餡料，或和派搭配使用。

CRÈME D'AMANDES
杏仁奶油餡

les ingrédients
奶油　　50g
糖粉　　50g
杏仁粉　50g
蛋　　1個

1. 將糖粉和杏仁粉一起過篩在紙上。

2. 將奶油放入攪拌盆中，用攪拌器攪拌成膏狀。

3. 將1/3的1量加到2裡，攪拌均勻。

4. 等到沒有結塊後，再加入1/3量攪拌均勻。然後，再重複一次同樣的步驟。

5. 把蛋攪開後，分幾次邊加到4裡，邊混合。

6. 混合到變得滑順為止。好了之後，放置室溫下備用。

commentaires
這種奶油的基本配方比例是奶油、糖粉、杏仁粉、蛋，所有的材料比例都相等（1 :1 :1 :1）。每次將粉類（糖粉、杏仁粉）和水分（蛋）加入膏狀的奶油裡時，都要混合到顏色泛白，那是因為如此一來，奶油餡裡就會含有大量的空氣，做好後就會比較輕爽不膩。可以加些香草或蘭姆酒等自己喜歡的酒類來調味，讓它更別具風味喔！

page 70
page 76

這是種將牛奶加入蛋黃、砂糖裡混合，加熱而成的奶油餡。常用香草來調味。除了可以當做醬汁來用，還可以用來做巴法華滋（**bavarois**）。

CRÈME ANGLAISE
英式奶油餡

les ingrédients

牛奶	250ml
蛋黃	3個
細砂糖	60g
香草莢	1/2枝

1 將牛奶、1/2量的細砂糖、對半縱切，取出籽連同整個香草莢，全部放進鍋內，加熱到沸騰。

2 將蛋黃、剩餘的細砂糖放進攪拌盆內，用攪拌器混合到顏色泛白為止。

3 將1從爐火移開，倒一點到2裡，混合均勻。

4 再倒入所有剩餘的牛奶混合。

5 倒回鍋內，用小火加熱，同時不斷地用木杓像劃8字般地混合。當舉起木杓，用指尖在沾黏的奶油餡上劃一直線，痕跡不會消失的話，就**OK**了。稱做桌布狀態（**à la nappe**）。

6 用細網篩過濾，隔冰水快速冷卻。

commentaires

桌布狀態（**à la nappe**）是指英式奶油餡還沒沸騰時，用木杓舀起液體時，它的濃度很夠，足以包裹附著在木杓上，就像是桌子蓋上了桌布一樣，而且，用指尖劃上一直線，痕跡也不會消失的狀態（80~85℃）。這種奶油餡在冷卻後，若是放進冰淇淋機裡攪拌，就可以做出冰淇淋喔！

page 54

page 56

page 94

CRÈME AU BEURRE
奶油餡

將細砂糖和水放進鍋內加熱。

等細砂糖溶解,開始沸騰後,就用沾了水的毛刷刷除彈到鍋子內側上的糖漿或糖粒。

在熬煮糖漿的時候,將蛋黃放入攪拌盆內,用攪拌器攪開備用。

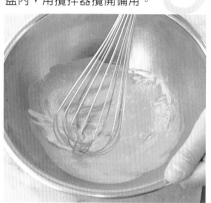

持續打發到變冷為止。

將奶油放入另一個攪拌盆內,用攪拌器攪拌成膏狀。

將1/3量8的奶油加入7裡,混合均勻。

question et réponse

Q: 什麼是炸彈麵糊 (pâte à bombe) 呢？　R:就是將熬煮過的糖漿 (118℃) 倒入蛋黃內,打發而成的麵糊。它原來是為了做炸彈冰淇淋 (bombe glacée) 而被發明出來的,也常被應用來做奶油餡或慕斯等。

Q: 要在炸彈麵糊 (pâte à bombe) 幾度時,將膏狀的奶油加進去？　R:首先,將糖漿倒入蛋黃裡,到變冷卻前,要充分地打發。若是混合的溫度太高了,奶油就會分離,這樣一來,就算是混合,空氣也不容易跑進去,而會呈現出分離的狀態。如果覺得奶油太軟了,可以先放進冰箱冷藏約2~3分,讓油脂的成分稍微凝固後再來混合,就可以使含氣量增大了。

這種奶油多在做大型蛋糕（entremet）的時候使用，或做為裝飾奶油用。

les ingrédients
奶油	180g
蛋黃	3個
細砂糖	80g
水	25ml

等到2熬煮了一下子後，就用湯匙舀一點糖漿到冰水中。

然後測試糖的硬度，如果可以用指尖將凝固的糖漿揉圓成球。硬度像口香糖般的話，就OK了(118~120℃)。

用攪拌器邊混合3，邊將5的糖漿像絲般地倒進去。

再加入1/3量的奶油混合。

再加入剩餘的奶油，混合均勻到完全沒有結塊的狀態為止。

等到結塊完全消失後，像要讓空氣跑進去般地用力攪拌混合，就完成了。

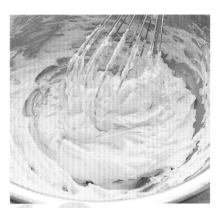

Q: 炸彈麵糊和奶油混合後，若出現結塊，該怎麼辦？

R:若是炸彈麵糊的溫度過低，或在奶油還沒有完全變成柔軟的膏狀時就混合，油脂就會結塊。冬季期間，因室溫較低，混合時，有時油脂也會較容易凝固。此時，就要將攪拌盆隔水加熱數秒，油脂的溫度稍微上升後，就會變得較好混合，而能做成輕盈柔滑的奶油餡了。

page 84

page 88

這是一種使用巧克力，再加上法式蛋白霜而做成的基本慕斯，主要被應用於製作大型蛋糕（**entremet**）。

MOUSSE AU CHOCOLAT
巧克力慕斯

les ingrédients

巧克力（黑巧克力）	250g
奶油	70g
牛奶	3大匙
蛋黃	4個
蛋白	6個
細砂糖	70g

慕斯

巧克力切碎，放進攪拌盆中，隔水加熱融化。等巧克力的溫度昇高到約人的體溫（38~40℃）時，就加入已攪拌成膏狀的奶油混合。

等巧克力和奶油混合均勻，完全沒有結塊後，就倒入牛奶混合。

然後，加入蛋黃混合。

打發蛋白和細砂糖，做成法式蛋白霜，加一點到3裡，用攪拌器混合均勻後，再加一點法式蛋白霜進去，改用橡皮刮刀混合。

將4全部倒進剩餘的法式蛋白霜裡，稍加攪拌，混合時注意不要弄破氣泡。

等混合均勻而滑順的狀態時，就完成了。

note

慕斯（**mousse**）在法文中原為泡沫、氣泡之意，即在基本材料裡，加上打發鮮奶油，或法式蛋白霜、義式蛋白霜等，完成時會像泡沫般地輕盈柔滑。慕斯做好後，也可以直接當做甜點吃喔！

page 66

這是一種以果泥為基本材料，再加上義式蛋白霜而製成的慕斯。這種水果慕斯也被認為是基本慕斯的一種。

MOUSSE AU FRUIT
水果慕斯

les ingrédients

果泥（百香果）	180g
吉力丁片	3片
檸檬汁	1/3個
鮮奶油	250ml

義式蛋白霜 *Page* 49

蛋白	60g
細砂糖	120g
水	30ml

在開始製作前約30分至1小時，先將吉力丁片放入冷水中泡軟。然後，瀝乾水分，放進攪拌盆裡，隔水加熱溶解。

將少許果泥加入溶解的吉力丁裡，用攪拌器充分混合。然後，再加入剩餘的果泥和檸檬汁混合。

打發鮮奶油。等打發到拿起攪拌器時，掉落的鮮奶油只會留下少許痕跡般的軟硬度，就行了。

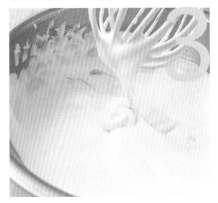

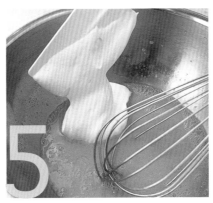

將細砂糖100g和水30ml放進鍋內，煮成120℃糖漿。趁此時，將細砂糖20g和蛋白放進攪拌盆內一起打發後，然後倒入煮好的糖漿，製作義式蛋白霜，再放涼。

將3的打發鮮奶油加入4的義式蛋白霜內，用橡皮刮刀混合後，加一點到2裡，用攪拌器混合均勻。然後，再加一點，混合到均勻為止。

將剩餘的打發鮮奶油全部倒入，用攪拌器稍加拌合。最後，改用橡皮刮刀混合幾次，直到均勻柔滑的狀態為止。

page 68

TEMPÉRAGE CHOCOLAT
巧克力調溫法

巧克力

巧克力切碎。

將1的巧克力放進攪拌盆內，並在鍋內放熱水後，將攪拌盆置於其上隔水加熱。熱水的加熱溫度應維持在水面稍有波動的程度。

邊用木杓混合，使巧克力融化。等舉起木杓時，完全融化沒有結塊，而且變得很柔順後，就可以進行下一個步驟了。

用三角刮刀將巧克力撈起來，再用L形抹刀刮下來。

重複7的步驟，邊混合巧克力，邊使它降溫。

用手指碰觸看看，若覺得有點兒涼，就OK了（28~29℃）。

question et réponse

Q: 巧克力調溫法的目的為何？

R:巧克力如果只是融化了再讓它凝固，咬下去時就不會有那種脆脆的獨特嚼感，無法入口即化，吃起來也會感覺到很粗糙。正因為如此，我們必須先融化巧克力，讓它所含的所有粒子被打散，再藉著降低溫度使分散的粒子結晶，重新排列整齊。不過，如果單只是降低溫度使它結晶，巧克力反而會變得容易產生結塊。所以，又必須藉由稍微提高溫度來抑制巧克力結晶的速度，讓製作過程能夠進行得更順利，質感變得更柔滑。

Q: 如果融化巧克力的溫度太高，會怎樣呢？

R:巧克力中的油脂成分就會焦掉，而產生微粒。

因巧克力有很多種，例如：黑巧克力(chocolat noir)、牛奶巧克力(chocolat au lait)、白巧克力(chocolat blanc)等，所以，請參考調和溫度表，依不同的種類來做適度的溫度調節。

les ingrédients（Couverture）巧克力　500g

等到巧克力完全融化後，用手指碰觸看看，如果熱度不致於燙到手，就**OK**了（50~58℃）。

將巧克力倒在大理石台上。

用**L**形抹刀將巧克力向左右大幅度地抹散開來。

然後，用三角刮刀迅速地將巧克力撈起，裝進攪拌盆內。

等到巧克力全裝進攪拌盆內後，立刻用木杓攪拌混合，直到完全沒有結塊，變成很柔滑的狀態為止。

然後，在長形抹刀的前端沾上巧克力，放置4~5分鐘。如果巧克力可以凝固得像照片中的狀態，就可以進行下一個步驟了。如果還沒凝固，就再重複一次5~11的步驟。

Q：讓巧克力結晶時，若是溫度降得太低，會怎樣呢？

R：巧克力看起來會很厚，並產生大的結塊。若是裝進攪拌盆內，即使攪拌混合，也無法讓結塊消失，那就再融化一次，從頭開始做起吧！

Q：加熱過度，超過適當的製作溫度時，會怎樣呢？

R：看起來雖然沒有什麼太大的差別，可是，好不容易才結晶的巧克力粒子卻會散開，而呈現不穩定的狀態。此時，應該再次降溫，讓它結晶才行。

將裝著巧克力的攪拌盆隔水加熱約3~5秒。熱水的加熱溫度應維持在水面仍有波動的程度。

隔水加熱完後,立刻充分攪拌混合,直到看起來很滑順,流動性佳的狀態為止。

再次在L形抹刀的前端沾上巧克力,放置4~5分鐘。

如果巧克力可以凝固得像照片中的狀態,就表示已調和完成了。

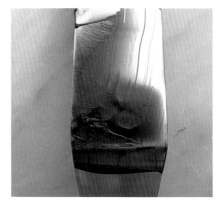

如果放置了4~5分鐘後,巧克力還是沒有凝固得像照片中的狀態,就必須再重回到步驟5。

調 和 的 溫 度

	融化溫度	結晶溫度	製作溫度
黑巧克力	50~58℃	28~29℃	31~32℃
牛奶巧克力	48~50℃	27~28℃	29~30℃
白巧克力	48~50℃	26~27℃	27~29℃

page 82

這是種在巧克力裡混合牛奶或鮮奶油所製成的乳狀物，可以應用來做慕斯，或巧克力糖果（**bonbon chocolat**）的餡料。

GANACHE
甘那許

les ingrédients　巧克力（黑巧克力）　100g
　　　　　　　　　鮮奶油　　100ml

1
將鮮奶油放進鍋內加熱到沸騰。

2
巧克力放進攪拌盆內融化，再將1/3量的1從邊緣處倒入。

3
用攪拌器從倒入鮮奶油的地方開始一點點地逐漸和巧克力混合。

等到變得像美乃滋般的狀態時，再像步驟2、3一樣倒入1/3量的鮮奶油，繼續混合。

4

倒入所有剩餘的鮮奶油，和巧克力整個混合。

5

混合到完全沒有結塊而滑順的狀態時，就好了。

6

commentaires
製作的時候，也可以直接將熱過的牛奶或鮮奶油倒進切碎的巧克力裡。但是，這樣做時要注意以下兩點：1巧克力要盡量切碎一點。2倒入牛奶或鮮奶油後，不要馬上混合，先等2~3分鐘（為了讓熱可以傳透巧克力的內部），再用攪拌器慢慢地混合。如果有巧克力無法完全融化，就用網篩過濾。

這種蛋白霜是為您介紹的3種裡，使用頻率最高的一種，多半被用來和麵糊混合後一起烤，或加到巧克力裡，做成慕斯。

MERINGUE FRANCAISE
法式蛋白霜

les ingrédients　蛋白　　60g
細砂糖　　120g

蛋
白
霜

將蛋白放進攪拌盆內，用攪拌器攪開。等變成泡沫較大的慕斯狀後，再開始打發。

打發時要儘量將空氣打進去，打到蛋白的前端會形成像鳥嘴般的形狀為止。

等到變成2的狀態後，就加入約1湯匙的細砂糖，繼續打發。

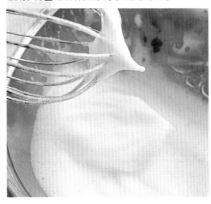

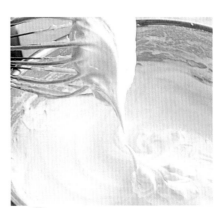

等細砂糖的顆粒完全溶解後，再加入剩餘1/3量的細砂糖，繼續打發。

重複4的步驟後，再加入剩餘1/3量的細砂糖。打發後，再加入所有剩餘的細砂糖。

充分打發到可以形成立體狀，泡沫柔細有光澤的狀態為止。

commentaires

製作時，邊打發蛋白邊一點點地加入砂糖，做好後就會既結實而又泡沫柔細。雖然不加砂糖只打發蛋白也可以，但是，加了砂糖後，可以使打發後的氣泡更加安定。

製作時的蛋白和砂糖比例為1：2。這樣的比例，適用於法式蛋白霜和義式蛋白霜。只要記住這個比例，就可以簡單地從欲做出的蛋白霜總量，去推算出蛋白和砂糖的所需份量了。

 page 56
 page 58
 page 82

這種蛋白霜是用118℃糖漿來加熱打發過的蛋白，所以，做好之後的慕斯或奶油餡可以保存較久，而因為泡沫安定，做好後的份量也會看起來比較多。

MERINGUE ITALIENNE
義式蛋白霜

les ingrédients　蛋白　　60g
　　　　　　　　　　　細砂糖　30g

✖ 糖漿　細砂糖　90g
　　　　水　　30ml

將90g的細砂糖和30ml的水放進鍋內加熱。沸騰後，用沾了水的毛刷將彈附在鍋子內側的糖漿和糖粒刷除。測試是否煮好，用湯匙舀起糖漿，放進冰水裡。

用指尖將在冰水中凝固的糖漿撈起來捏圓，若可以變成球狀，像口香糖般地有彈性，就OK了(118~120℃，小球狀態「PETIT BOULÉ」)。

將蛋白放進攪拌盆內，用攪拌器攪開，等變成泡沫較大的慕斯狀後，再開始打發到可以變成鳥嘴的形狀為止。然後，加一搓細砂糖進去，繼續打發。

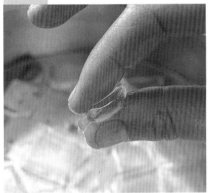

等細砂糖的顆粒都溶解後，將剩餘的細砂糖分成2~3次，邊加入邊充分打發到可以形成立體狀的程度。

將2的糖漿一煮好就立刻像絲般地邊慢慢滴入4裡，邊混合。

等糖漿全部滴入後，就慢慢地繼續混合到變冷為止。若是結實到可以形成立體狀的程度，並出現光澤時，就完成了。

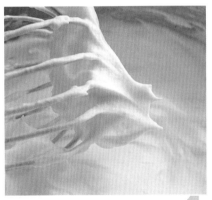

commentaires

開始製作糖漿，以及開始打發蛋白的時機，是製作時的一大關鍵。若是用手來打發，就要先將蛋白稍加打發後，再加熱糖漿，或是同時開始亦可。若是使用機器來打發，因為攪拌力夠，就反而要先將糖漿加熱到沸騰，再開始打發蛋白比較好。還有，如果糖漿熬煮過頭了，就要加約1湯匙的水進去混合，再次重新煮成小球狀態（118~120℃「PETIT BOULÉ」）才行。

page 64

這種蛋白霜的作法是先混合蛋白和砂糖，再邊隔水加熱，邊打發。因為烤的時候不會變形破裂，所以，很適合用來做礁岩(rocher)蘑菇(champignon)等裝飾。

MERINGUE SUISSE
瑞士蛋白霜

les ingrédients　蛋白　　100g
　　　　　　　　　糖粉　　200g

1
將蛋白放進攪拌盆內，用攪拌器攪開。

2
將1/3量的糖粉加入1的蛋白裡混合。

3
將剩餘的糖約分成2次加入2的蛋白裡混合。

4
等到蛋白和糖混合好後，就隔水加熱，邊打發。

5
打發時，要不時地確認打發蛋白的結實度。打發到可以形成漂亮的立體狀，就行了。

6
然後，停止隔水加熱，繼續打發到完全冷卻，蛋白霜變得很結實，可以像照片中般地形成立體狀，就完成了。

commentaires
這種蛋白霜的作法是先混合蛋白和糖，邊隔水加熱，邊打發，讓溫度昇高到約55~60℃，然後停止隔水加熱，繼續打發到完全冷卻。因為做好的蛋白霜氣泡結實而且穩定性高，泡沫柔細而滑順，所以，在擠出形狀後，也不會在烘烤的過程中變形。

histoire
蛋白霜（Meringue）的製作有一據說是源自於瑞士的梅罕郡（Meiringen）。約西元1720年時被引進法國。一直到19世紀初為止，似乎都是用湯匙舀出形狀來烘烤，但是，自從一位法國偉大的廚師 Marie-Antoine Carême（1784~1833）發明了擠花嘴和擠花袋後，就改成擠出形狀，再烘烤。

page 86

只要加熱砂糖和水，就可以製成糖漿。接下來，我們將為您介紹的是製作糕點時不可或缺的糖漿作法，以及在各種溫度變化下，糖漿所顯現的各種不同狀態。

CUISSON DE SUCRE
煮糖法

les ingrédients 細砂糖　90g
　　　　　　　　水　　30ml

1 將細砂糖和水放進鍋內加熱。開始沸騰後，就撈掉浮沫。

2 用沾了水的毛刷刷除附著在鍋子邊緣上的糖漿。熬煮到所需的溫度（參考右側的照片）。

糖漿的煮法

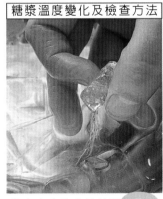

糖漿溫度變化及檢查方法

用湯匙舀起一點煮好的糖漿，放進冰水裡。

從冰水中取出的糖漿硬度，就可以知道它的溫度了。

PETIT BOULÉ
小球狀態
118℃
用指尖捏圓，會變成柔軟的球形，如果施壓，像是在捏口香糖的感覺。可以用來製作義式蛋白霜，或炸彈麵糊（pâte à bombe）。

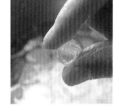

GROS BOULÉ
大球狀態
125℃
比小球還硬的球形。如果施壓，可以感覺到像橡皮般的彈力。適合用在想做出較硬的義式蛋白霜時。

GRAND CASSÉ
硬碎狀態
145℃
凝固後，如果施壓，硬硬地很容易脆裂，吃的時候不會粘在牙齒上。適合用來做薩隆堡泡芙(salambos)的糖衣表面，或用於拉糖(sucre tirer)。

CARAMEL (JAUNE)
金色焦糖狀態
160℃
和硬碎狀態相同，凝固後，會脆裂，呈琥珀色。常被用來做焦糖奶油，或當調味汁使用。

CARAMEL (FONCÉ)
深褐色焦糖狀態
180℃
一滴在冰水中，焦糖就會劈劈啪啪地像要碎裂開來，然後再凝固起來。因為呈深褐色，常被用來著色。

砂糖

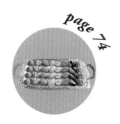

page 74

法國糕點的基本技巧您都學會了嗎？

接著，我們就要開始應用在基本中所學的技巧，利用麵糊（糰）或奶油

餡的各種不同組合，來變化出各種不同的糕點。依照麵糊（糰）或奶油

餡、慕斯等  的特徵，自由地

發揮想像力， 做各種不同的

原創組合， 也可以說是製

作糕點的另一大 樂趣。在此，

我們就引用「基本中的基本」內所介紹過的所有麵糊（糰）、奶油餡、慕

斯、巧克力、蛋白霜的作法，再為您介紹21種簡單易做的糕點。

運用基本組合的 糕點範例

作法說明中所提到的 *les ingrédients* ***pour* 8 *personnes*** 意思為「8人份的材料」，**matériel** 意指「蛋糕模型」，
finition 是指「最後修飾」，**commentaires** 為「技巧的訣竅、注意要點說明等」之意，(*Page* 8為「作法參考第8頁」之意。

這是種老少咸宜，人見人愛的常見甜點。吃起來舌頭的觸感柔滑細緻，香濃的焦糖，更是令人百吃不厭的懷念口味。

PETITS POTS DE CRÈME CARAMEL
焦糖布丁

les ingrédients
pour
8 personnes

matériel

直徑7~8cm的耐熱陶碗
(moule de cocotte)（8個）

✖ 英式奶油餡
page 39

牛奶　750ml
細砂糖　150g
蛋黃　8個
香草莢　2枝

✖ 糖網罩

細砂糖　150g
葡萄糖 (glucose)　20g
水　50ml

大廚的叮嚀

● 牛奶沸騰後要先放個1~2分鐘，再倒入放蛋黃的攪拌盆內。這樣做是為了讓香草的香味可以完全溶入牛奶內，而且，若是在沸騰後就馬上倒入蛋黃裡，蛋黃就會因為過熱而容易結塊。

準備香草莢
香草莢用刀背壓平，再對半縱切。然後，用刀刃挖出香草籽，和豆莢一起放進牛奶裡。

1 製作英式奶油餡。將牛奶、1/2量的細砂糖、香草籽連同豆莢一起放進鍋內，加熱到沸騰。

2 將蛋黃和剩餘的細砂糖放進攪拌盆內，用攪拌器混合。等1沸騰，放置1~2分鐘後，再倒1/3量進攪拌盆內攪拌混合。

3 將1剩餘的量分成2次倒入2裡，混合均勻。

4 用細網篩過濾。

5 撈除浮在表面上的白沫。

6 在托盤上鋪塊布，把耐熱陶碗放在上面，再將5倒入。

7 從托盤的邊角注入熱水（到約托盤的1/3高度），以隔水加熱的狀態，放進烤箱用100℃烘烤。

8 過了30~40分後，用竹籤刺看看中心部分。若抽起時沒有任何東西附著在上面，就是烤好了。然後，放置在室溫下冷卻。

9 製作糖網罩。先在長柄杓的背面塗上薄薄一層的沙拉油（未列入材料表）。

10 將細砂糖、水、葡萄糖放進鍋內熬煮至硬碎狀態（**GRAND CASSÉ**，145℃）*Page 51*。稍微冷卻後，用湯匙舀起，再由上朝下，在9的圓湯杓背面上畫成網狀。

11 等糖凝固後，用剪刀剪除多餘的部分。

12 用手指從長柄杓連接柄的部分推壓，卸下糖網罩，倒蓋在已冷卻的8上面。

漂浮在英式奶油餡上的白色蛋白霜，彷彿是天上飄下的雪。在口中會像雪般地化開來，是種口味清淡的甜點。

ŒUFS À LA NEIGE
雪花蛋奶

les ingrédients
pour
8 personnes

✖ 法式蛋白霜
page 48

蛋白	4個
細砂糖	125g
香草莢	1/2枝

✖ 英式奶油餡
page 39

牛奶	500ml
細砂糖	130g
蛋黃	6個
香草莢	1枝

✖ 糖漿（焦糖狀態）
page 51

細砂糖	200g
水	70ml
杏仁片	30g

finition

● 先將 的英式奶油餡倒入透明碗裏，再把7的法式蛋白霜放上去，來回淋上 10 的糖漿，然後，撒上烤過的杏仁片。最後，將 放上去，就大功告成了。

1 製作法式蛋白霜。取出香草籽，在蛋白打發到一個程度之後放進去。

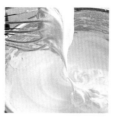

2 在淺型單柄鍋內放進大量的水（未列入材料表），加熱到水面開始產生輕微的震動為止。

3 用有孔長柄杓舀取適量 的法式蛋白霜，用抹刀整理成半球形。

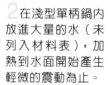

4 在接近 水面的地方，稍微左右移動3的長柄杓，讓蛋白霜漂浮在熱水面上。等做了2~3個後，就蓋上鍋蓋，放置約2~3分鐘。

5 用有孔長柄杓撈起蛋白霜，邊用手扶著，迅速翻面，再蓋上鍋蓋。熱水要保持在和一開始時相同的溫度。

6 用手輕壓上面，如果覺得蛋白霜結實緊繃，就可以了。如果蛋白沒有熟透，就會很柔軟，感覺手指像要陷進去一樣。

7 將 取出翻面，置於鋪了布的托盤裡，放涼。

8 製作英式奶油餡，冷卻備用。

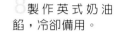

9 將細砂糖和水放進鍋內，熬煮到硬碎狀態（**GRAND CASS É**，145℃）（*Page 51*。然後，用叉子的前端沾上糖漿，左右搖晃，像絲般地滴在工作台（大理石台）上，如圖，重複7~8次。

10 再次加熱 剩餘的糖漿，熬煮到焦糖狀態。

這道甜點，就是在電影「龍鳳配」中，女主角莎賓娜沒有烤好的「舒芙雷」。是否該提醒您千萬不要忘了扭轉烤箱的開關……！？

SOUFFLÉ
舒芙雷

les ingrédients
pour
8 personnes

matériel
直徑9cm的舒芙雷模（8個）

✖ 糕點奶油餡
page 36

牛奶	375ml
細砂糖	80g
蛋黃	4個
低筋麵粉	22g
玉米粉	22g
香草莢	1/2枝

✖ 法式蛋白霜
page 48

蛋白	5個
砂糖	60g
糖漬橙皮	15g
康圖酒	15ml
柳橙	2個
可可粉	適量

finition
● 將可可粉撒在烤好的舒芙雷表面的一部分上，再配上整理去皮的柳橙。

1 在模型的內側塗抹上厚厚的一層奶油（未列入材料表）。

2 將細砂糖（未列入材料表）撒在1的模型裡，抖落多餘的部分，放進冰箱冷藏備用。製作糕點奶油餡和法式蛋白霜。

3 糖漬橙皮切成5mm的塊狀，和康圖酒一起放進糕點奶油餡裡混合。再加入1/3量的法式蛋白霜。

4 用橡皮刮刀充分混合。

5 將剩餘的法式蛋白霜分成2~3次加入，稍加拌合。

6 將 裝入未裝上擠花嘴的擠花袋內，再擠到 的模型裡。

7 用抹刀將表面整平。

8 用姆指和食指夾住模型邊緣拭出一圈。

9 將 放進烤箱內，以160~170℃烤10~15分鐘。

這是一道由鬆脆的酥餅和酸甜的紅色水果所組成的甜點，色彩鮮麗而漂亮。

SABLÉS AUX FRUITS ROUGES
紅果酥餅

les ingrédients
pour
8 personnes

✖ 油酥麵糰
page 8

低筋麵粉　　200g
泡打粉　　2g
奶油　　100g
糖粉　　100g
蛋黃　　2個
香草糖　　1撮
鹽　　1g

✖ 糕點奶油餡
page 36

牛奶　　250ml
細砂糖　　60g
蛋黃　　3個
低筋麵粉　　15g
玉米粉　　10g
香草莢　　1/4枝

✖ 香醍奶油（Crème Chantilly）

鮮奶油　　200ml
糖粉　　20g
香草糖　　1撮

✖ 搭配裝飾（garniture）

草莓　　1/2盒
覆盆子（framboise）　1盒
藍莓　　1盒

✖ 覆盆子醬
page 64

覆盆子果泥　　300g
糖粉　　30g

糖粉　　適量
薄荷葉　　少許

蛋液　　適量

commentaires
● 香醍奶油的作法
將鮮奶油、糖粉、香草糖放
進攪拌盆內，隔著冰塊降溫
打發。

1 製作油酥麵糰，用**擀麵棍擀**開成厚約2mm的麵皮。

2 用直徑7cm的菊形切模先切下8片。

3 用溝狀**擀**麵棍將剩餘的麵皮壓出直條紋。

4 用直徑7cm的菊形切模從　的麵皮切下8片，再用直徑3.5cm的菊形切模將每片的中央部分切下。

5 將　和　切下的麵皮排列在烤盤上，其中，只在有溝紋的麵皮上塗抹蛋液。

6 將　放入烤箱，以１７０℃烤10~15分鐘。

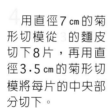
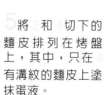

7 製作糕點奶油餡。冷卻後，和香醍奶油混合。將圓盤狀的酥餅放在盤子上，再用湯匙舀一勺混合過的奶油到酥餅的中央。

8 草莓切成4~6塊，和覆盆子、藍莓一起放進攪拌盆內，加入少許的覆盆子醬混合。

9 舀取　，適量地放在　的上面。

10 將中央挖空的酥餅放上去，再舀取　，適量地放上去。

11 在小圓盤狀的酥餅上撒上滿滿的糖粉，再放在　的上面。

12 周圍淋上覆盆子醬，再用薄荷葉裝飾。

這種字意為「愛之井」的18世紀甜點，於19世紀時，因巴黎上演同名的歌劇而蔚為一時風潮。

PUITS D'AMOUR
愛之井

les ingrédients
pour
8 personnes

✖ 甜酥麵糰
page 10

低筋麵粉　　150g
奶油　　75g
糖粉　　30g
蛋　　1/2個

✖ 泡芙
page 14

水　　125ml
奶油　　50g
鹽　　2g
細砂糖　　3g
低筋麵粉　　75g
蛋　　2個

✖ 糕點奶油餡
page 36

牛奶　　250ml
細砂糖　　60g
蛋黃　　3個
低筋麵粉　　15g
玉米粉　　10g
香草莢　　1/4枝

蛋液　　適量

細砂糖　　適量

打孔
為了讓麵皮受熱均勻，需要用打孔滾筒來打出許多小孔。如果沒有這個道具，也可使用叉子。

1 製作甜酥麵糰，用擀麵棍擀開成2mm厚的麵皮。

2 在 1 的麵皮上打孔。

3 用直徑7cm的菊形切割模切下麵皮。

4 在烤盤上塗上薄薄的一層水，然後，將 3 的圓麵皮間隔地排列在上面。

5 製作泡芙。然後，裝進接上直徑5mm擠花嘴的擠花袋內，沿著 4 的邊緣擠出一圈。

6 在泡芙的表面上塗抹蛋液，用烤箱以180℃烤約20分鐘。

7 製作糕點奶油餡。然後，裝進接上直徑1cm擠花嘴的擠花袋內，擠在冷卻了的 6 的中央，將它填滿。

8 烤盤鋪上網架，將 7 排列在上面，表面撒上細砂糖。

9 用烙鐵使砂糖焦糖化。如果沒有烙鐵，可以把抹刀或湯匙拿來直接火烤加熱，再使用也行。

10 再撒一次細砂糖，並重複相同的步驟。

這是一種內含脆脆的果仁，加了義式蛋白霜的奶油，吃起來鬆軟可口的冰涼甜點，即使是在家中，也可以輕而易舉地做出好吃的成品來喔！

NOUGAT GLACÉ
冰鎮牛軋糖

les ingrédients
pour
8 personnes

matériel

18×7cm 的長型模（1個）

✖ 奴軋汀（nougatine）

葡萄糖（glucose）　80 g
細砂糖　80 g
杏仁片　100g

開心果　20g
核桃　45g
糖漬櫻桃　30g
葡萄乾　30g

鮮奶油　260ml

✖ 義式蛋白霜
page 49

細砂糖　30g
蜂蜜　80g
蛋白　1 1/2個

✖ 覆盆子醬

覆盆子果泥　200g
糖粉　20g

finition

● 做好後，切成約1.5cm厚，放在盤內，淋上覆盆子醬。

commentaires

●奴軋汀的作法
將葡萄糖放進鍋內加熱到沸騰，加入細砂糖，讓它溶解。等到變成焦糖色後，加入杏仁片，混合均勻。

●覆盆子醬的作法
將篩過的糖粉加入覆盆子泥裡，用攪拌器混合到糖粉完全溶解。

1 製作奴軋汀，然後，儘量散開地攤在烤盤紙上，讓它冷卻。再放進較深的容器內，用擀麵棍壓碎。

2 用網篩將 篩過，分成粗粒和細粉。細粉留到最後即將完成時再用。

3 開心果、核桃放進烤箱，以160~170℃烤過後，切成粗塊。

4 櫻桃分別切成4~6塊，葡萄乾切成粗塊後，和 的奴軋汀粗粒、 的粗塊一起放進攪拌盆內，用兩手混合。

5 打發鮮奶油，到撈起時會稍微留下一點痕跡的程度。

6 將細砂糖和蜂蜜放進鍋內，熬煮成小球狀態「**PETIT BOULÉ**」*Page 51*，然後，倒入打發至可以形成立體狀程度的打發蛋白內，製作義式蛋白霜。

7 將1/3量的打發鮮奶油倒入 的義式蛋白霜內，充分混合。再加入剩餘的打發鮮奶油，稍加混合。

8 將 加入 裡，用橡皮刮刀混合。

9 將 裝入模型到約1/2的高度，在工作台上敲2~3下後，再繼續裝滿。

10 將表面整平後，放進冷凍庫冷藏凝固。

11 等到 完全凝固後，用叉子或其他的器具插下去，並配合用溫水來熱整個模型，幫助脫模。

12 將 的杏仁糖細粉放進托盤內，用來沾滿 的表面。

這是一種入口易化而柔軟的巧克力慕斯，可以加入切碎的杏仁、榛果、或加上分蛋法海綿蛋糕一起吃，嘗試各種不同的組合，可以享受創造變化的樂趣。

MOUSSE AU CHOCOLAT
巧克力慕斯

les ingrédients
pour
8 personnes

✖ 巧克力慕斯
page 42

巧克力（黑巧克力） 250g
奶油 70g
牛奶 3大匙
蛋黃 4個
蛋白 6個
細砂糖 70g

✖ 分蛋法海綿蛋糕體
page 18

低筋麵粉 75g
細砂糖 75g
蛋黃 3個
蛋白 3個

糖粉 適量

✖ 裝飾
牛奶巧克力 適量

大廚的叮嚀
● 削切巧克力的時候，可使用湯匙或削皮器來代替切割模。
● 用來做裝飾的巧克力要在削切前3~4小時置於室溫下。因為如果使用冰冷的巧克力，會變成碎塊。

1 製作巧克力慕斯，倒入容器中，放進冰箱冷藏。

2 用圓形切模等器具削切裝飾用巧克力的表面。

3 如果用手直接碰觸2削切下來的巧克力，很容易就會融化。因此，請用湯匙等器具舀，擺滿在1的上面。

4 製作分蛋法海綿蛋糕體，裝進接上直徑1cm擠花嘴的擠花袋內。在烤盤鋪上硫酸紙，將麵糊擠成長約7cm的棒狀。

5 用茶濾網從高處撒些糖粉在所有擠出的麵糊上。放置2~3分鐘，等糖粉溶解後，再撒一次。

6 用烤箱以210℃烤12~15分鐘。照片中為烤好後的成品。

即使是看起來簡單樸實的可麗餅，如果用來包水果慕斯，就可以變成精緻高貴的甜點，非常適合用來招待訪客喔！

AUMÔNIÈRE DE MOUSSE PASSION
百香果慕斯小錢袋

les ingrédients
pour
8 personnes

✕ 可麗餅麵糊
page 34

牛奶　250ml
蛋　2個
低筋麵粉　150g
細砂糖　50g
奶油　25g
鹽　1撮

✕ 百香果巴法華滋
page 43

百香果泥　180g
吉力丁片　3片
檸檬汁　1/3個
鮮奶油　225ml
蛋白　60g
細砂糖　120g
水　30ml

✕ 裝飾
百香果　1個
木瓜　1個
芒果　1個
奇異果　1個
香草莢　2枝

finition
● 木瓜、芒果、奇異果全部切成約5mm的塊狀，和百香果一起散放在盤子上，再擺上，就完成了。

1 製作可麗餅麵糊。加熱可麗餅鍋，放上適量的奶油（未列入材料表）。

2 利用廚用紙巾在鍋面上塗抹薄薄一層的奶油，並拭除多餘的部分。

3 調成大火，用湯杓舀一瓢 的可麗餅糊到 裡，薄薄地攤開來。

4 調成大火，用湯杓舀一瓢 的可麗餅糊到 裡，轉動鍋子地攤開來。

5 等到周邊的顏色開始變深時，就用竹籤將周邊部分挑離鍋面。

6 用手抓著邊緣部分，一次翻過去。

7 等到另一面的顏色也開始變深時，就放到網架上冷卻。

8 將可麗餅皮折疊數次，放進深一點的容器（舒芙雷模）內。

9 將可麗餅皮在容器內整個攤開來。

10 製作百香果巴法華滋，用湯匙舀到 裡。

11 將周圍的可麗餅皮打摺，再集中到中央，用切成細長條的香草莢綁好。然後，整理成像綻放開來的花瓣，擺在散放著水果的盤子上。

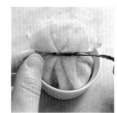

夸頌是一定會陳列在麵包店架上的一種麵包。包了杏仁奶油餡或杏桃餡的這兩種夸頌，吃起來各有其獨特的風味。

CROISSANTS, CROISSANTS AUX AMANDES, CROISSANTS AUX ABRICOTS
夸頌、杏仁夸頌、杏桃夸頌

les ingrédients
pour
8 personnes

✖ 夸頌麵糰
page 26

低筋麵粉	300g
高筋麵粉	300g
水	180ml
牛奶	135ml
活酵母菌	20g
鹽	12g
細砂糖	30g
奶油（夾層用）	300g

✖ 糕點奶油餡
page 36

牛奶	250ml
細砂糖	60g
蛋黃	3個
低筋麵粉	15g
玉米粉	10g
香草莢	1/4枝

杏桃（對半切開）　16個

✖ 杏仁奶油餡
page 38

杏仁粉	100g
糖粉	100g
奶油	100g
蛋	2個
蘭姆酒	少許
香草糖	1撮

杏仁片　適量
糖粉　適量
鏡面果膠Page 72　適量

蛋液　適量

大廚的叮嚀
● 發酵可以用發酵機以30℃來發酵。如果沒有發酵機，為避免乾燥，可在表面噴濕，放置在溫度可保持在30℃的地方。

70

夸頌

1 製作夸頌麵糰。用擀麵棍擀成3mm厚，切成3等份。將其中的1/3等份切開成10×20cm的等邊三角形。

2 在三角形底邊的中央劃上1cm深的切口，將兩的邊角像要拉開般地往內側摺。

3 將麵糰的兩端往內側彎曲，做成新月形，放在烤盤上，塗上蛋液，讓它發酵。

4 將麵皮放在工作台上，用手掌輕壓，同時往上捲。

5 將麵糰的兩端往內側彎曲，做成新月形，放在烤盤上，塗上蛋液，讓它發酵。

6 等到麵糰膨脹到約2倍時，再塗一次蛋液，用烤箱以180~190℃烤約20分鐘。

杏仁夸頌

杏桃夸頌

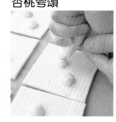

1 將其中的1/3等份切開成10×25cm的等邊三角形，底邊的兩個角往內側摺，再整個往上捲。

2 將捲起的末端朝下，放在烤盤上，由上輕壓，塗上蛋液，讓它發酵。等到麵糰膨脹到約2倍時，再塗一次蛋液，用烤箱以180~190℃烤約20分鐘。烤好後，橫切成兩半。

3 中間塗抹糕點奶油餡做夾心，表面塗滿杏仁奶油餡，貼上杏仁片。再次放進烤箱，烤成漂亮的黃褐色，就**OK**了。最後，再撒上糖粉。

1 將其中的1/3等份切開成15×15cm的正方形。將糕點奶油餡裝進沒有接上擠花嘴的擠花袋內，在方方形麵皮的中央擠出2團。

2 將2片杏桃擺在奶油上，在麵皮的周圍塗抹上蛋液，把麵皮的2個對角往內摺，尖端重疊黏貼起來。

3 放在烤盤上，塗上蛋液，讓它發酵。等到麵糰膨脹到約2倍時，再塗一次蛋液，用烤箱以180~190℃烤約20分鐘。最後，在杏桃上塗抹鏡面果膠，就完成了。

「QUATRE-QUARTS」就是四個1/4的意思。就是說,製作的4種基本材料,用量完全相等之意,是一種在家中輕而易舉即可完成的甜點。

QUATRE-QUARTS AUX POMMES
蘋果卡特卡

les ingrédients
pour
8 personnes

matériel
芙濃模(1個)

✖ 卡特卡麵糊
(膨脹麵糊) *Page 12*

奶油　　100g
糖粉　　100g
低筋麵粉　　100g
蛋　　2個
香草糖　　1撮
鹽　　1撮
牛奶　　20ml
泡打粉　　5g

蘋果　　2個
奶油　　50g
細砂糖　　70g

鏡面果膠　　適量

大廚的叮嚀

● 鏡面果膠多是由杏桃或蘋果等果醬過濾而成的,常用在糕點的最後修飾上,讓表面展現光澤。

1 在芙濃模的內側塗抹上大量的奶油(未列入材料表),撒上細砂糖(未列入材料表),再倒掉多餘的部分。

2 蘋果削皮,切成8等份的月牙形,去芯。

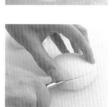

3 鍋內放入奶油融化,加入細砂糖後,搖晃鍋子使砂糖溶解,再將 的蘋果放進去,調成大火,用木杓翻炒。

4 搖動鍋子,讓蘋果沾上糖汁。等到細砂糖變成焦糖狀,就用竹籤刺蘋果看看,再煎到可以輕易刺下去的程度。

5 將蘋果移到托盤內,放涼備用。

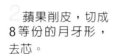

6 等到蘋果冷卻了,就排列到 的芙濃模內。

7 將留在托盤內的焦糖湯汁也倒進去,用湯匙使整個表面沾滿。

8 製作卡特卡麵糊,裝進沒有接上擠花嘴的擠花袋內,擠到 的圓模內。然後,在工作台上敲幾下,再放進烤箱用160℃烤。

9 等到表面烤成漂亮的黃褐色後,就用竹籤刺中心部分,若抽起時沒有任何東西沾黏在上面,就是烤好了。然後,請連同圓模整個放在網架上冷卻。

10 將小刀插入蛋糕和模型之間,繞一圈。

11 將芙濃模倒扣,脫模放在襯紙上。

12 在表面上塗抹鏡面果膠,就完成了。

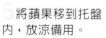

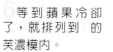

「déguisé」為變裝之意。瑪斯棒（massepain）或糖漬水果、堅果類用糖漿加工後，就可以變成各式各樣的點心，光是看就已經令人覺得趣味無窮了。

FRUITS DÉGUISÉS
糖衣水果

les ingrédients
pour
8 personnes

✖ 糖漿
page 51

細砂糖　1kg
水　　400ml

瑪斯棒　1kg
糖漬鳳梨　1片
糖漬橙皮　3片
榛果　18個
核桃　6個
糖漬櫻桃　12個
李乾　6個
杏桃乾　6個
去皮杏仁　6個

食用色素（紅、橙、綠）適量
咖啡精　適量

大廚的叮嚀

● 做好糖漿後，用溼布蓋在上面，冷卻至室溫。中途不可攪拌混合。

● 讓糖漿結晶時（步驟7），若是室溫過低，就會凝結過度，相反地，若是室溫太高，就會無法凝結。

● 留在托盤上的糖漿，可以用來塗抹麵包等，當做入味用的糖漿來使用。

● 榛果用烤箱以150℃乾烤10~15分鐘後，用乾布包起來，搓揉去皮。

● 如果買不到去皮杏仁，可將杏仁放進沸水中，1~2分鐘後撈起去皮。

1　瑪斯棒分成8等份。其中一份加點紅色素，揉至顏色均勻為止。用**擀麵棍** **擀**開成約2mm厚的薄片後，再用溝狀 **擀** 麵棍在其中的一面上滾出直紋來。

2　配合鳳梨片的大小，用菊形切模將切出2片來，中央部分用圓形切模切除。

3　用2片瑪斯棒夾鳳梨片。

4　將 切成6等份。

5　放在網架上，用室溫乾燥24小時。

6　製作糖漿。在托盤內鋪上網架，將形狀做好的排列上去後，再放一片網架上去。將已冷卻了的糖漿從旁邊慢慢地倒入。

7　在硫酸紙上打些通氣孔後，蓋在上面，放置室溫（20~25℃）下過一晚。

8　瑪斯棒表面上的細砂糖若是結晶了，就OK了。結晶所需的時間長短會因室溫的不同而改變，所以，要常常查看變化的狀態。

9　連同網架整個取出，去除多餘的糖漿，等到表面變乾燥了，就完成了。

其他的組合範例

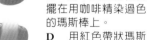
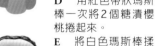

A　將白色瑪斯棒劃上花紋後，擺在用菊形切模切開的糖漬橙皮上。將F的瑪斯棒揉圓後，擺在正中央。

B　將去皮的榛果擺在用咖啡精染過色的瑪斯棒上。

C　將未去皮的核桃擺在用咖啡精染過色的瑪斯棒上。

D　用紅色帶狀瑪斯棒一次將2個糖漬櫻桃捲起來。

E　將白色瑪斯棒揉圓，壓出直條紋。再用劃開的李乾夾起來。

F　將用橙色瑪斯棒揉圓，壓出直條紋，擺在杏桃乾上。

G　將去皮的杏仁貼在用綠色瑪斯棒上。

這是種可依照個人的喜好將奶油餡和水果做各式各樣不同的組合而成的趣味點心，非常適合用來做宴會小點心，或茶點等。

TARTELETTES FOURS
迷你綜合水果塔

les ingrédients
pour
8 personnes

matériel
直徑5cm的迷你塔模（36個）

✖ 甜酥麵糰
page 10

低筋麵粉　120g
杏仁粉　30g
奶油　60g
糖粉　60g
蛋黃　2個
鹽　1撮

✖ 杏仁奶油餡
page 38

杏仁粉　50g
糖粉　50g
奶油　50g
蛋　1個
蘭姆酒　10ml
香草糖　1撮

✖ 搭配裝飾（garniture）
杏桃（切成兩半）　3個
鳳梨　1/6個
黑茶蘼子（cassis）（大）　18個
草莓（大）　6個
覆盆子　18個
奇異果　1個

✖ 裝飾
黑茶蘼子（cassis）（大）　6個
細砂糖　適量
黑茶蘼子果醬　適量
覆盆子果醬　適量
鏡面果膠　適量
Page 72　適量
開心果　適量
糖粉　適量

commentaires
● 甜酥麵糰的杏仁粉要和糖粉
　一起過篩加入。

1 製作甜酥麵糰，用擀麵棍上下左右地變換方向，擀開成約1mm厚，打孔滾筒或其他器具打孔。再用直徑6cm的菊形切模切下36片。

2 將麵皮放在迷你塔模上。用姆指和食指夾住，將麵皮緊貼在模上，邊緣比模稍微凸出一點。

3 製作杏仁奶油餡，裝進沒有接上擠花嘴的擠花袋內。將 的一半（18個）放在鐵烤盤上，把杏仁奶油餡擠到模內的底部。

4 杏桃切成2等份，鳳梨切成月牙形，全部削圓，擺在3的上面。每個模內各放3個黑茶蘼子。再將 的杏仁奶油餡擠上去。3個種類各做6個。

5 將 剩餘的18個就這樣和 一起擺在鐵烤盤上，放進烤箱，以180℃烤15~20分鐘。

6 等到表面和底部都烤成均勻的黃褐色時，就OK了。脫模，放在網架上冷卻。

7 等到 冷卻後，就個別做裝飾。杏桃和鳳梨的表面只要再塗上鏡面果膠，就完成了。

8 黑茶蘼子的半邊撒上糖粉，剩下的另一邊塗滿黑茶蘼子果醬。將細砂糖撒在黑茶蘼子上後，就可以擺上去了。

9 草莓去蒂後，整個表面塗上覆盆子果醬，就可以直接一個個地擺在原來沒有放任何東西，已烤過的6個迷你塔上了。最後，再擺上切碎的開心果，就完成了。

10 用覆盆子果醬沾滿覆盆子。

11 在和草莓相同的另外6個迷你塔上撒糖粉，將 的覆盆子各擺3個上去。

12 奇異果先切成5mm厚的圓片，再用菊形切模切出花樣來。在和草莓相同的另外6個迷你塔上塗抹鏡面果膠，擺上奇異果，表面再塗一次鏡面果膠，就完成了。

這種點心的發源地是在奧地利，據說是從位於維也納和薩爾次堡（Salzbourg）之間的一個名為林茲（Linz）的城鎮開始的，這也是它為何會被稱之為「TARTE LINZER」的原因。

TARTE LINZER
林茲爾塔

les ingrédients
pour
8 personnes

matériel
直徑20cm的塔模（1個）

✖ 林茲爾塔麵糰
（甜酥麵糰）*Page 10*

低筋麵粉　　300g
奶油　　200g
細砂糖　　150g
蛋　　1/2個
牛奶　　30ml
肉桂粉　　10g
泡打粉　　1g
杏仁粉　　50g

含籽覆盆子果醬　　300g

糖粉　　適量

finition
● 等 冷卻後，在周圍撒上糖粉，就完成了。

commentaires
● 製作林茲爾塔時，牛奶要和蛋一起，肉桂粉、泡打粉要和低筋麵粉一起，杏仁粉要和細砂糖一起加入。

1 參考甜酥麵糰，製作林茲爾塔麵糰，靜置一些時間後，用**擀麵棍擀**開成3~4mm厚的麵皮。

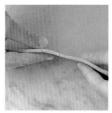

2 將塔模放在 的麵皮上，切下直徑約比塔模大2指寬的麵皮。

3 在塔模內塗抹上薄薄一層的奶油（未列入材料表）後，將 的麵皮放上去。

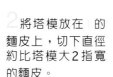

4 整理麵皮，讓它緊貼在塔模內。

5 將周圍的麵皮壓向模型的內側，做出高出5mm的堤，並將多餘的部分切除。

6 同時用右手壓內側的麵皮，用左手姆指壓高出模型堤的部分，整理麵皮的厚度。

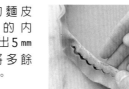

7 將覆盆子果醬倒入 裡，用湯匙均勻整平。

8 將步驟 和 切下的麵皮整理成糰，再**擀**開成麵皮，用切派器（用刀也行）切成10條1cm寬的帶狀。

9 將 的麵皮平行地擺5條在 上面。

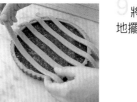

10 再將剩餘的5條斜擺上去，做成格子狀。

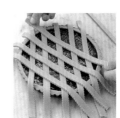

11 用姆指壓模型的邊緣，切斷多餘的麵皮。

12 將 放進160~170℃的烤箱烤，等到周圍的麵皮顏色變深，果醬開始沸騰了，就烤好了。烤好後，脫模，放置網架上冷卻。

這種麵包含有大量的奶油，烤好後軟綿綿的，無論是切片後直接吃，或塗上果醬當早餐吃，都很適合喔！

BRIOCHE NANTERRE
南特風味皮力歐許

les ingrédients
pour
8 personnes

matériel
18×7cm的長型模（2個）

✖ 皮力歐許麵糰
page 30

低筋麵粉　　125g
高筋麵粉　　125g
鹽　5g
細砂糖　　25g
蛋　3個
活酵母菌　　10g
水　少許
奶油　　125g

蛋液　　適量

1 在模型內側塗抹奶油（未列入材料表），放進冰箱冷藏。

7 將 的麵糰擺進 的模型內，用2根手指從上輕壓。

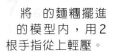

2 製作皮力歐許麵糰。第一次發酵完後，在工作台撒上手粉（未列入材料表），將麵糰分成2等份，再各分成6等份。（1等份約45g）。

3 將麵糰的4個角往中心的方向摺，重疊起來，再翻面。

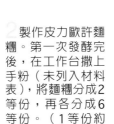

8 表面塗上薄薄一層蛋液後，放進發酵機，以30℃發酵，讓麵糰膨脹到2倍大。如果沒有發酵機，也可以放在溫度可維持在30℃的地方。

4 在手的內側沾些高筋麵粉（未列入材料表），在手內側滾動麵糰，做成球狀。

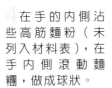

9 再塗一次蛋液，放進烤箱用170~180℃烤。

5 等到麵糰的表面變得很圓滑，用手指輕壓，會覺得很有彈性的狀態時，就OK了。如果是像右邊的照片般，會留下手指壓過的痕跡，就要再繼續 的步驟。

10 等烤到麵糰中央凹下去的部分也變成漂亮的黃褐色時，就行了。然後，就可以脫模，放在網架上冷卻。

6 將 的麵糰靜置10~15分鐘後，用手掌的中間部位來滾動麵糰，做成長柱狀。

低溫慢烤到脆脆的蛋白霜，夾滿軟綿綿的香醍巧克力，就成了一道美味可口的甜點喔！

MERINGUE CHANTILLY CHOCOLAT
蛋白霜香醍巧克力

les ingrédients
pour
8 personnes

✖ 法式蛋白霜
page 48

蛋白　100g
細砂糖　100g
糖粉　100g

✖ 香醍巧克力
巧克力（黑巧克力）　80g
鮮奶油　160ml

✖ 裝飾
✖ 調溫巧克力
page 44

（**Couverture**）巧克力
（黑巧克力）　適量

1 製作法式蛋白霜，最後加入糖粉混合。然後，裝進接上大的星形擠花嘴的擠花袋內，擠到烤盤上。用80~100℃的烤箱烤2~3小時，再放著讓它冷卻。

2 調和巧克力備用。的蛋白霜烤好後，將半邊沾上巧克力。

3 在攪拌盆的邊緣刮掉多餘的巧克力，以免巧克力滴落。然後，放在舖了硫酸紙的烤盤上，等巧克力凝固。

4 製作香醍巧克力。巧克力隔水加熱融化備用。將已打發的鮮奶油分2次加入微溫狀態的巧克力裡，混合均勻。

5 將的香醍巧克力裝進接上直徑1cm擠花嘴的擠花袋內，擠到的平面上，約佔1/2的面積。

6 如圖。將黑白相間的蛋白霜輕輕低沾上，保持香醍巧克力向上。

「ARLEQUIN」原為義大利喜劇中的丑角。進而引申有七拼八湊之意。雙色的奶油，使這種糕點看起來就好像鮮艷的小丑百衲服，因此而得名。

GÂTEAU ARLEQUIN
小丑服蛋糕

les ingrédients
pour
8 personnes

✖ 普羅格雷麵糊
page 20

蛋白　170g
細砂糖　60g
糖粉　60g
杏仁粉　90g
低筋麵粉　35g

✖ 奶油餡
page 40

奶油　240g
細砂糖　165g
水　50ml
蛋　1 1/2個
蛋黃　3個

巧克力（黑巧克力）　100g
開心果膏　40g

糖粉　適量

1 在直徑16cm圓切模的邊緣沾上麵粉（未列入材料表），放在鋪了烤盤紙的烤盤上，印上2個圓印。

2 製作普羅格雷麵糊，裝進接上直徑1cm擠花嘴的擠花袋內，沿著 的圓印擠成直徑16cm大的螺旋狀。

3 擠出另一個螺旋狀。

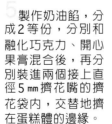

4 將 放進130℃的烤箱內，約烤20~25分鐘，再移到網架上放涼。

5 製作奶油餡，分成2等份，分別和融化巧克力、開心果膏混合後，再分別裝進兩個接上直徑5mm擠花嘴的擠花袋內，交替地擠在蛋糕體的邊緣。

6 然後，再從中心開始交替地擠出巧克力口味和開心果口味的奶油餡，形成螺旋狀。

7 將 放進冰箱內冷藏，讓奶油稍微凝固後，再將另一片蛋糕體放上去。

8 最後，撒上大量的糖粉，就完成了。

這是一種做成像岩石般形狀凹凸不平的椰子點心，蛋白霜外酥內軟的口感配上特殊香味的椰子，吃的時候可說是別有一番滋味。

ROCHER COCO
椰子岩

les ingrédients
pour
8 personnes

✖ 瑞士蛋白霜
page 50

蛋白	175g
細砂糖	200g
椰子粉	300g

1 製作瑞士蛋白霜，加入一半量的椰子粉，用橡皮刮刀混合。

2 再加入剩餘的椰子粉，注意儘量不要弄破氣泡，稍加混合。等到混合均勻，就OK了。

3 將 裝入沒有接上擠花嘴的擠花袋內，在烤盤上擠出約3cm的大小。

4 用烤箱以220℃烤約5分鐘。等到表面開始稍微變成黃褐色時，就完成了。

這是由海綿蛋糕和帕林內（praliné）奶油餡搭配而成的一種古典式糕點，夾在中間的奴軋汀和周圍的杏仁薄片，正是它獨具風味之處。

MASCOTTE PRALINE
杏仁馬司寇特

les ingrédients
pour
8 personnes

matériel
直徑18cm的芙濃模（1個）

✖ 海綿蛋糕
page 16

蛋　3個
細砂糖　90g
低筋麵粉　90g

✖ 奶油餡
page 40

蛋黃　3個
細砂糖　80g
水　25ml
奶油　180g
帕林內（**praliné**）　50g

✖ 奴軋汀（**nougatine**）

細砂糖　250g
杏仁角　130g
檸檬汁　少許

✖ 糖漿
page 51

細砂糖　135g
水　100ml
櫻桃蒸餾酒　60ml

✖ 裝飾

杏仁片　200g
糖度30度的糖漿　40ml
奶油　20g
糖粉　適量

commentaires

●糖度30度的糖漿的作法即濃度約55%的糖漿。用130g的細砂糖和100ml的水一起加熱到沸騰，再放涼即可。

● 在芙濃模內塗上厚厚的奶油，放進冰箱冷藏2~3分鐘，讓它凝固。然後，再重複一次這樣的步驟後，撒上高筋麵粉，抖落掉多餘的部分。

1 製作裝飾用杏仁片。混合杏仁薄片和濃度30度的糖漿，再攤在烤盤上，用烤箱以150℃烘烤。等到變成黃褐色後，就混合奶油，再烤一次，迅速混合後，放置冷卻。

2 製作海綿蛋糕。在芙濃模內塗上奶油，撒上粉類後，將海綿麵糊倒入圓模內至3/4的高度，用烤箱以180℃烤約25分鐘。冷卻後，將烤的那面切下，朝下放，切成3枚厚約1cm的蛋糕體。

3 在3塊海綿蛋糕上塗抹上糖漿。

4 製作奶油餡，和帕林內混合。然後，裝進接上圓口擠花嘴的擠花袋內，擠到第1片蛋糕體的周邊，再從中央開始擠出螺旋狀後，後用抹刀整平。

5 製作奴軋汀 *Page 64*。做好後，薄薄地攤開，放著讓它冷卻，再用手扳成小片，散放在 的上面。

6 將切下的第2片塗抹上糖漿的那一面朝下，疊在 上面。然後在朝上的那一面塗上糖漿，並重複步驟 和 。

7 將第3片塗抹了糖漿的那面朝下放，疊在 上面。朝上的那一面塗上糖漿。用剪刀將周圍凸出多餘的襯紙剪掉。

8 用抹刀將剩餘的帕林內奶油餡塗抹在 的側面上。

9 朝上的那面也要塗抹，再用抹刀整平。

10 用抹刀將掉落在側面的帕林內奶油餡也抹平，整理好。

11 將已烤好冷卻的杏仁片撒滿在整個蛋糕上。

12 最後，儘量從高處將糖粉撒上去裝飾，就完成了。

據說這種疊成三角形的派，就是因為形狀酷似耶穌會修道僧所戴的帽子，才會被命名為「JÉSUITES」。

JÉSUITES

傑虛特派

les ingrédients
pour
8 personnes

✖ 折疊派皮
page 22

低筋麵粉　100g
高筋麵粉　100g
水　100ml
奶油　20g
鹽　4g
奶油（夾層用）　120g

✖ 玻璃糖霜（**glace royale**）
蛋白　1個
糖粉　200g
檸檬汁　1/2個

杏仁薄片　適量

✖ 法蘭奇巴呢奶油餡（frangipane）
（糕點奶油餡）*Page 36*

牛奶　300ml
細砂糖　60g
蛋黃　3個
低筋麵粉　35g
杏仁粉　35g
香草莢　1/2枝

commentaires
● 製作法蘭奇巴呢奶油餡
（**frangipane**）時，杏仁粉
要和低筋麵粉混合後，一起
加入。

1 製作折疊派皮。在工作台撒上手粉（未列入材料表），用擀麵棍擀開成15×30㎝大小，厚約3~4mm的麵皮。

2 製作玻璃糖霜（**glace royale**）。將篩過的糖粉、檸檬汁、蛋白放進攪拌盆內，用攪拌器充分混合到變得有光澤，再抹到 的麵皮上，用抹刀均勻抹平成薄薄的一層。

3 將周邊稍微切掉一點，整理好形狀，再切成長條狀的2等份。

4 將2條帶狀的麵皮各別切開成6個正三角形，加起來共12塊。

5 將 排列在烤盤上，在每塊三角形的中央各貼上3片杏仁片後，放進烤箱以165℃烘烤。

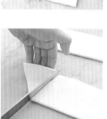

6 等表面和背面都烤成漂亮的黃褐色後，就從烤箱取出，放再網架上冷卻。

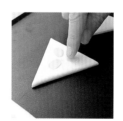

7 用刀橫切6的派，切開成2等份。

8 參參考糕點奶油餡的作法，製作法蘭奇巴呢奶油餡（**frangipane**）。冷卻後，裝入接上1㎝圓口擠花嘴的擠花袋內，擠到切開的派上。

9 將貼著糖衣的那塊派疊上去，就完成了。

這種點心在切開後，，酸酸甜甜的蘋果香就會整個飄散出來，芳香四溢。吃的時候，記得多撒一點的肉桂糖粉喔！

BEIGNETS AUX POMMES
炸蘋果

les ingrédients
pour
8 personnes

✖ 油炸用麵糊（pâte à frire）
（可麗餅麵糊）*Page 34*

低筋麵粉　200g
泡打粉　3g
溫水　250ml
沙拉油　3大匙
鹽　1撮

蘋果　1個

細砂糖　適量
肉桂粉　適量

低筋麵粉　適量

炸油　適量

1　蘋果整個削皮後，切成1cm厚的圓片，再用比圓片小一點的圓形切模切成漂亮的圓形。

2　用直徑2cm的切模切除正中央的芯。

3　製作油炸用麵糊（pâte à frire）。低筋麵粉和泡打粉過篩後，裝進較大的攪拌盆內，中央做一個凹槽，邊將一半量的溫水一點點地倒入，邊和周圍的粉逐漸混合。

4　等到中央部分變得有點濃稠時，就加入鹽、沙拉油。

5　再次混合到變得濃稠時，就加入剩餘的溫水。

6　繼續一點點地將周圍的粉往中央混合，到整個變得柔滑而沒有結塊為止。

7　將麵粉裝進另一個攪拌盆內，把的蘋果整個沾滿。

8　將放進裡沾滿後，放進160~170℃的炸油裡。

9　炸到整個都變成黃褐色。

10　將細砂糖和肉桂粉放進攪拌盆內混合。的蘋果炸好瀝乾油後，整個沾滿肉桂糖粉。

熱騰騰的法國吐司(French Toast)配上冰涼的香草冰淇淋淋，等溶化到恰到好處時，吃起來就會好像淋上了調味汁一樣。

PAIN PERDU

法國吐司（ **French Toast** ）

les ingrédients
pour
8 personnes

matériel
18×8cm的長型模（1個）

✘ 皮力歐許麵糰
page 30

低筋麵粉	125g
高筋麵粉	125g
鹽	5g
細砂糖	25g
蛋	3個
活酵母菌	10g
水	少許
奶油	125g

✘ 料糊
（英式奶油餡） *Page 39*

蛋黃	2個
牛奶	250ml
細砂糖	65g
奶油	適量
糖粉	適量
杏桃醬	適量

finition
將杏桃醬（混合杏桃果泥和糖粉而成）倒入盤中，擺好皮力歐許，再依個人的喜好添上香草冰淇淋。

大廚的叮嚀
● 不用特地去做皮力歐許，用原本就剩下來的也可以。「 **perdu** 」本來就是「剩下」之意。

1 製作皮力歐許麵糰，放進長型模內，用烤箱以170℃烘烤。脫模冷卻後，切成1~1.5cm厚。

2 將周邊較硬的部分切除。

3 參考焦糖布丁作法 *Page 54*的步驟，製作英式奶油餡，再用來沾的皮力歐許。

4 等到英式奶油餡整個滲透入味後，就放在網架上約5分鐘，瀝掉多餘的沾液。

5 平底鍋內放些奶油融化，先將 的其中一面煎到變成漂亮的黃褐色後，再翻面煎另一面。

6 等到兩面都變成漂亮的黃褐色後，就移到烤盤上，在表面撒上糖粉。然後，放進烤箱，用200℃烤成漂亮的顏色後，就完成了。

INGRÉDIENTS
材料

Farine
〔麵粉〕

雖然種類很多，但是，製作糕點時最常用的就屬低筋麵粉了。因為它的麩素作用較弱，所以，很適合用來做吃起來質地柔軟的糕點，例如：海綿蛋糕、分蛋法海綿蛋糕（biscuit）、泡芙等。相反地，高筋麵粉就是麩素作用較強的粉類了。因為它可以做出較富咬勁的麵糰，所以，很適合用來做例如：折疊派皮（feuilletage）、夸頌、皮力歐許等。另外，因為它的性質較不容易結塊，所以，也比較適合當做手粉來使用。

Sucre
〔砂糖〕

法國糕點所使用的砂糖幾乎都是細砂糖，或糖粉。和上白糖比較起來，因細砂糖較不易吸水，所以也不用事先乾燥過再過篩，就製作上的簡易度來說，即是它的一大優點。糖粉因顆粒更細，具有易溶解的特性，可以因應不同的用途，決定是要使用細砂糖，還是糖粉。

Œuf
〔蛋〕

雞蛋的大小雖然各有不同，基本上，以全蛋1個淨重55g，其中蛋黃20g，蛋白30g為大致的標準。在製作冰淇淋、英式奶油餡、慕斯等時，因為不能將蛋黃加熱到80℃以上，所以，請儘量選用新鮮的蛋來使用。

Beurre
〔奶油〕

法國糕點原則上都是使用無鹽奶油。所以，請依照所須再加鹽。另外，因為奶油容易酸化，請購買新鮮的奶油來使用，並儘早用完。

Lait, Crème
〔牛奶、鮮奶油〕

鮮奶油從含脂量在20%上下的低脂鮮奶油，到45%上下的高脂鮮奶油都有，然而，在製作糕點時，使用40%左右的會比較適合。無論是鮮奶油或牛奶，都建議您要買新鮮的，並且在有效期限內用完。

Poudre à lever
〔泡打粉〕

又稱之為膨脹劑、發酵粉。加到麵糰裡，烤過後，就會產生二氧化碳，麵糰會膨脹起來，就可以烤成吃起來鬆軟的糕點了。

Arôme
〔香料〕

即調味用的材料。請注意不要使用過量，以免破壞了素材原有的自然風味。代表性的香料有以下幾種：香草（精、莢、糖）、杏仁香精、橙花水（fleur d'oranger）、肉桂、豆蔻、胡椒、八角茴香（anis）等。有時也會將柑桔、檸檬皮磨成屑，或切碎來當做香料用。

Gélatine
〔吉力丁, 明膠〕

吉力丁有吉力丁片和吉力丁粉2種。吉力丁片要先浸在冷水中，等到軟化後再使用，吉力丁粉則是直接加水，等溶化後再使用。吉力丁若是直接加熱溶解，凝固力就會降低，因此，要特別注意加熱的溫度。

Alcool
〔酒類〕

酒是糕點在調味時不可或缺的重要素材。依糕點或水果組合的不同，可使用的酒也是種類繁多，不勝枚舉。在此，就為您介紹比較常用的幾種。
甜酒類（liqueur）- 黑茶蘪子酒（cassis）、薄荷酒、杏桃酒
白蘭地類（cognac）- 蘋果白蘭地（calvados）、西洋梨酒、覆盆子酒、櫻桃酒（kirsch）、Armagnac白蘭地酒、Cognac白蘭地酒
其他 - 蘭姆酒、白蘭姆酒

Fruit sec
〔水果乾〕

代表性的乾燥水果有葡萄乾、杏乾、李乾等。製作法國糕點時，常會先將這些乾燥水果放進糖漿裡慢慢地糖漬後（Fruit confit），再使用。最具代表性的有糖漬橙皮、糖漬檸檬皮、糖漬櫻桃、Angélique等。

Noix
〔堅果〕

堅果的種類相當豐富，有杏仁、榛果、核桃、椰子、開心果、松仁等。它的用途也非常地多樣化，可去皮，削成薄片，壓碎，或磨成粉來用。然而，因為較容易氧化的緣故，請密閉保存，不要接觸到空氣，存放在陰涼的地方。

Praliné
〔帕林內〕

帕林內是混合熬煮過的砂糖和乾燥堅果，壓碎，再做成糊狀而成的。杏仁和榛果是最具代表性的兩種口味，但是，有的廠牌也會將這兩種口味混合在一起。

Chocolat
〔巧克力〕

巧克力的種類和品質的等級也很多。因為可可脂（beurre au cacao）的含量會因廠牌而有所不同，所以，請慎選品質較優良者，並維持在良好的保存狀態下。另外，由於巧克力不適於放置在潮溼的地方，加上本身的油脂含量高，容易吸收其他的味道，所以，請務必要密封，保存在陰涼的地方。

Fondant
〔風凍〕

將糖漿熬煮到一定的溫度後，再提煉而成的一種具光澤的乳白狀物體。在家中製作太費功夫了，建議您使用市售的成品。

MATÉRIEL
道具

Bassine
〔攪拌盆〕

容器。可用來混合材料，打發蛋白或鮮奶油，用途非常地廣泛。依不同的用途來決定使用何種大小的攪拌盆。

Tamis
〔網篩〕

又稱為篩子、濾網。用來篩麵粉、糖粉，或過濾混合過的材料。

Fouet
〔攪拌器〕

又稱作打蛋器。主要於打發蛋白或鮮奶油時用。有各種不同的大小，應選擇和攪拌盆直徑同樣長度的來使用。

Raclette en caoutchouc
〔橡皮刮刀〕

在法文中又被稱為「**Maryse**」。混合材料，或刮取殘留在容器或鍋內的材料時可用。

Spatule en bois
〔木杓〕

混合容器或鍋內的材料時用。因為是木製材質，雖然不會在烹調過程中變形，但是，卻容易沾染上味道，所以在使用時，不要讓它一直停留在材料中。

Corne
〔刮板〕

用於在工作台上製作麵糰時，或混合容器內的麵糊等。另外，欲刮取殘留在鍋子或容器內的材料時，用起來也很方便喔！

Rouleau à pâtisserie
〔擀麵棍〕

將麵糰擀開成麵皮時用。夠長又夠重的擀麵棍使用起來會比較方便。如果是木製的，用完後不要用水清洗，用布將髒污擦淨即可。

Grille plate
〔網架〕

用來放置烤好的東西，讓它冷卻，或用於其他用途等。

Plaque à four
〔烤盤〕

可將麵糰放在上面，或將麵糊倒入後，放進烤箱烤。可分為淺型和深型，或有無鐵氟龍加工過者，種類很多。

Moule à manqué
〔芙濃模〕

這種模型的特徵是開口要比底部寬一些。雖然可分為底部可拆式和不可拆式兩種，但就使用上的便利性而言，並沒有太大的差別。

Moule à tarte
〔塔模〕

這是一種傳統式塔模。大小約介於直徑15~24㎝之間。可分為底部可拆式和不可拆式兩種，就使用上的便利性而言，前者較好用。

Moule à tartelette
〔小塔模〕
烘烤小塔，或修女小蛋糕（**Visitandines**）等小型糕點時用。

Moule à cake
〔長型模〕
7~8㎝深的長方形模型，主要在烘烤水果蛋糕，或長型蛋糕等時候用。

Ramequin
〔舒芙雷模〕
烘烤布丁或舒芙雷等時候用。為圓筒型的陶器，可耐熱，大小約介於直徑7~10㎝之間。

Vol-au-vent
〔圓切模〕
將麵皮切割成圓形時用。有各種不同的大小，約介於直徑11~26㎝之間。

Emporte-piece cannelé
〔菊形切模〕
帶有溝紋的切模（菊花形狀）。用來切割擀開的麵皮，大小約介於直徑2~10㎝之間。

Emporte-piece uni
〔圓形切模〕
圓形的切模。用來切割擀開的麵皮，大小約介於直徑2~10㎝之間。

Brosse
〔刷子〕
刷除麵糰表面上多餘的粉時用。

Rouleau pique-vite
〔打孔滾筒〕
用來在麵皮的表面上打孔，以免蒸氣悶在麵皮和模型或烤盤之間，無法通氣。

Rouleau cannelé
〔溝紋擀麵棍〕
帶有溝紋的擀麵棍。因為表面上有細小的溝紋，要在瑪斯棒上做出花紋，或其他用途時可用。

Triangle
〔三角刮刀〕
製作調溫巧克力，或彫刻形狀時用。用來將放在烤盤上的瓦片餅乾（**tuile**），或質地較薄的麵皮取出時也很方便喔！

Douille
〔擠花嘴〕
Poche à douille
〔擠花袋〕
將麵糊或奶油裝入，再擠出時用。用來裝在擠花袋前端的擠花嘴有很多種大小，形狀也有很多種，例如：圓形、星形、**V**字切口形、平波紋形等。

Pinceau
〔毛刷〕

塗抹糖漿或鏡面果膠時用。
因為色素和味道容易附著在
上面，使用後，必須洗乾
淨，完全晾乾。

Torchon
〔乾抹布〕

覆蓋在靜置備用的麵糰上，
使表面不致乾燥，或拿取熱
的東西時使用。製作糕點
時，若準備一塊，就會很方
便喔！

Canneleur
〔刨絲器〕

用來在檸檬或柳橙的表皮上
雕出溝紋時用。

Econome
〔削皮器〕

削除水果皮時用。

Pince à tarte
〔塔皮剪〕

在塔模內已成形的塔皮周
圍作裝飾時用。使用時，
是利用前端鋸齒狀的部分
慢慢地，一點一點地夾出
形狀來。

Ciseaux
〔剪刀〕

用法和一般的剪刀相同。可
用來在麵糰上剪出切口，或
修剪蛋糕用的襯紙，用途非
常廣泛。

Palette à entremets
〔抹刀〕

將奶油或巧克力等均勻地塗
抹在糕點上，並將表面整平
時用。前端圓而薄的刀刃具
有彈性。

Palette coudée
〔L形抹刀〕

用途和抹刀相同，但因為靠
近柄的部分有點角度，在塗
抹面積範圍較大的糕點等
時，用起來會比較方便。

Couteau-scie
〔鋸齒刀〕

即刀口呈鋸齒狀的刀子。用
來切像海綿蛋糕等質地柔軟
的糕點時，可以將斷面切得
整齊而漂亮。相反地，用來
削質地較硬的水果等時，也
非常好用喔！

Couteau éminceur
〔料理刀〕

使用範圍非常地廣泛，並
不只限於在切割糕點、料
理時用，為一種刀刃較長
的菜刀。

Couteau de filet de sole
〔片魚刀〕
將魚分解成魚片時所使用的專用刀。因為刀刃薄而有彈性，若是用來切割果肉質地較軟的水果，也很方便喔！

Casserole
〔深型單柄鍋〕
底部平坦的圓筒形鍋子。製作糕點奶油餡或英式奶油餡時可用。有各式各樣的大小。

Écumoire
〔有孔長柄杓〕
用來撈掉浮出液體表面的浮沫或泡沫。

Gant
〔隔熱手套〕
拿取熱的模型，或將烤盤從烤箱取出時所使用的手套。若是布料太薄，一下子就會變熱，有燙傷的危險，所以，應使用質地較厚的。

Couteau d'office
〔小刀〕
雖然常被當做水果刀來使用，因為刀刃較短，使用起來較為靈巧，所以，也很適合用在細部作業上。

Louche
〔長柄杓〕
舀取液體，或將會流動的慕斯舀進模型內時用。有的在圓杓的前端會有倒出口。

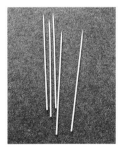

Pique en bois
〔竹籤〕
檢查糕點是否已烤好時用。

Papier sulfurisé
〔烤盤紙〕
又稱做硫酸紙。因為是種用硫酸加工過，可防水的紙，所以，糕點烤好後也不會沾黏在紙上，很容易就可以取下。可用來墊在烤盤上，或襯在模型的內側。

Four
〔烤箱〕
烤箱的種類很多，從家庭用到商業用，用電或瓦斯型，還可以烤箱內的加熱方式再細分為旋風式或上下火式兩種。

VOCABULAIRE
法式糕點用語解說

abaisser
〔擀薄〕
用**擀**麵棍將麵糰**擀**開成預定的均勻厚度。

bain-marie
〔隔水加熱〕
1 避免直接用火加熱，而隔著熱水來加溫。
2 將模型放入托盤等較深的容器內，再倒入熱水，呈隔水加熱的狀態。

beurrer
〔塗抹奶油〕
用毛刷等工具在模型的內側或烤盤上，塗抹上薄薄一層的融化奶油或攪拌成蠟油狀的奶油之意。

blanchir
〔蛋黃打發成泛白乳狀〕
用攪拌器將蛋黃和砂糖充分打發到泛白的乳狀之意。

canneler
〔挖溝槽〕
用刨絲器在柳橙或檸檬皮上彫出溝紋，做為裝飾之意。

chemiser
〔內襯〕
1 在塗抹過薄薄一層奶油的模型內側或烤盤上，灑上麵粉，或鋪上硫酸紙、烤盤紙之意。
2 在模型內側貼上麵皮之意。

clarifier
〔純化〕
1 將蛋黃和蛋白分開之意。
2 用隔水加熱來融化奶油，然後，只取用分離後的上層奶油之意。

corner
〔刮取〕
用刮刀將殘餘在攪拌盆或容器內的材料全部刮取乾淨之意。

décorer
〔裝飾〕
最後的一道修飾工作，使用各種材料來做裝飾之意。

démouler
〔脫模〕
將烤好的糕點或已凝固的慕斯等從模型中取出之意。

détaille
〔切分〕
將麵糰切成均等的重量，或用切割模切開麵皮之意。

détrempe
〔鹹麵糰〕
混合粉類、水、鹽而成的東西。主要是指在製作折疊麵糰時，還沒放入奶油之前的外層麵糰。

dorer
〔塗抹蛋黃〕
用毛刷等工具在已成形麵糰等的表面塗抹上薄薄一層的蛋液（攪開後，用濾網過濾後之蛋黃）之意。

ébarber
〔切齊〕
將麵皮的兩端或周圍多餘的部分切除之意。

égoutter
〔瀝乾〕
放置網架上，將多餘的水分瀝乾之意。

fariner
〔撲麵〕
在工作台上撒一撮麵粉，防止麵糰沾黏住之意。

flamber
〔火燒〕
在材料上灑上酒，再點火讓酒精成份蒸發。

foncer
〔墊底〕
將麵皮緊密地鋪貼在塔模或圓模內之意。

fontaine
〔水槽〕
在放在工作台上或攪拌盆內的麵粉正中央做一個凹槽，做成像泉水般的狀態之意。

fraiser
〔揉麵〕
用手掌將麵糰由後往前壓，將材料混合成柔滑的狀態。

griller
〔烤果仁〕
用烤箱來烘烤果仁類（杏仁、核桃、榛果等）之意。

imbiber
〔浸透〕
讓糖漿或酒類等滲入烤好的糕點內之意。

macérer
〔浸漬〕
將水果乾等浸在酒類或甜酒裡入味之意。

masquer
〔掩蓋〕
用奶油餡或融化巧克力、瑪斯棒等來覆蓋整個糕點之意。

monter
〔打發〕
用攪拌器或果汁機來打發蛋白或鮮奶油等之意。

nappage
〔鏡面果膠〕
用過濾過的杏桃等果醬刷在糕點表面會呈現光澤之意。

napper
〔塗層〕
用毛刷或抹刀將鏡面果膠或奶油餡等塗抹在糕點上之意。

pincer
〔夾紋〕
用手指或塔皮剪麵皮上做出裝飾之意。

piquer
〔打孔〕
為了避免擀薄的麵皮在烘烤的過程中烤溫均勻，而在事前用叉子或打孔滾筒打些小孔之意。

pommade
〔膏狀〕
將奶油做成膏狀之意。

rayer
〔劃紋〕
放進烤箱內烘烤之前，在塗抹過蛋液的麵糰表面用刀劃上紋路之意。

ruban
〔緞狀〕
蛋和砂糖用攪拌器充分打發後，舉起讓它流下時，會變成像緞帶般重疊而不會中斷的流動狀態之意。

sabler
〔砂狀〕
將麵粉和奶油放在手中搓揉，混合成像砂般的狀態之意。

tamiser
〔篩濾〕
用濾網來濾除結塊或雜質之意。

tremper
〔篩濾〕
1 用糖漿來浸透薩巴汗（savarin）等之意。
2 沾上調溫巧克力或風凍等，用以覆蓋住糕點的整個表面，或一部分之意。

法國巴黎藍帶廚藝學院株式會社（東京分校）

〒150 東京都涉谷區猿樂町28-13

ROOB-1　　TEL 03-5489-0141

1895年，自法國藍帶廚藝學院這所法國料理專業學校創立於巴黎以來，歷經傲人的105年歷史，使其聞名於世。糕點部門貫徹其自創始初期即立下的「傳統與藝術性並重的法國糕點」之教育方針，培育過來自世界各地超過50個國家的學生，而畢業生當中，成為職業級料理專家的人更是枚不勝數。來自日本的留學生不計其數，結業證書甚至已成了社會地位的象徵。位於代官山的東京分校，承繼了巴黎本校如此的淵源，於1991年開校。東京分校有著許多法國專業的料理大師所組成的教師陣容，儼然成了公認的法國料理文化重鎮。2000年7月，另設立了橫濱分校（糕點&麵包部門）。

本書承蒙本校糕點部門師傅和工作人員的熱情幫助，以及所有相關人員的大力支持，Le Cordon Bleu 在此表示衷心的感謝。

攝影 日置武晴
設計 中安章子
翻譯及技術協助 干加麻里子
書籍設計 若山嘉代子 平方泉 L'espace

國家圖書館出版品預行編目資料

法國藍帶的基礎糕點課—基本中的最基本

法國藍帶東京分校 著；--初版.--臺北市

大境文化，2004[民93] 面；　公分.

(Joy Cooking 系列；)

ISBN 957-0410-32-9

1.食譜 - 點心 - 法國

427.16　　　　　93004608

LE CORDON BLEU

http://www.cordonbleu.edu

e-mail:info@cordonbleu.edu

●8,rue Léon Delhomme 75015 Paris,France

●114 Marylebone Lane W1M 6HH London,England

LE CORDON BLEU INC(USA)

Phone　1 201 617 5221

Fax　　1 201 617 1914

© Le Cordon Bleu International BV (2003)for the Chinese translation.

© Bunka Shuppan Kyoku(2003)for the original Japanese text.

器具、布贊助廠商　PIERRE DEUX　FRENCH COUNTRY

www.pierredeux.com

40 Enterprise Avenue Secaucus, NJ 070 94-2517

TEL 1 201 809 25 00　FAX 1 201 319 07 19

日本詢問處 PIERRE DEUX

〒150 東京都涉谷區惠比壽西1-17-2

TEL 03-3476-0802　FAX 03-5456-9066

系列名稱 / 法國藍帶

書　名 /「法國藍帶的基礎糕點課」

　　　　　—基本中的最基本

作　者 / 法國藍帶廚藝學院東京分校

出版者 / 大境文化事業有限公司

發行人 / 趙天德

總編輯 / 車東蔚

文　編 / 編輯部

美　編 / R.C. Work Shop

翻　譯 / 呂怡佳　審　定 / 洪哲煒

地址 / 台北市雨聲街77號1樓

TEL / (02)2838-7996

FAX / (02)2836-0028

初版日期 / 2004年4月

定　價 / 新台幣280元

ISBN / 957-0410-32-9

書　號 / 06

讀者專線 / (02)2836-0069

www.ecook.com.tw

E-mail / editor@ecook.com.tw

劃撥帳號 / 19260956大境文化事業有限公司

法國料理基礎篇 I  法國料理基礎篇 II

法國糕點基礎篇 I  法國糕點基礎篇 II

 法國麵包基礎篇